上海市促进文化创意产业发展财政扶持资金项目

支持世界一流国际航运中心建设 · 豪华邮轮出版工程 | 金永兴　肖宝家◎总主编

邮轮设计美学与主题意蕴研究

蒋旻昱　著

上海浦江教育出版社

图书在版编目（CIP）数据

邮轮设计美学与主题意蕴研究 / 蒋旻昱著 . — 上海：
上海浦江教育出版社有限公司，2023.10
支持世界一流国际航运中心建设 · 豪华邮轮出版工程 /
金永兴，肖宝家主编
ISBN 978-7-81121-836-7

Ⅰ . ①邮…　Ⅱ . ①蒋…　Ⅲ . ①旅游船—船舶设计—研究
Ⅳ . ① U674.110.2

中国国家版本馆 CIP 数据核字（2023）第 203803 号

YOULUN SHEJI MEIXUE YU ZHUTI YIYUN YANJIU
邮轮设计美学与主题意蕴研究

丛书策划　于　杰
策划编辑　周　悦　　王　艳
责任编辑　周　悦

上海浦江教育出版社出版发行
社址：上海海港大道 1550 号上海海事大学校内　邮政编码：201306
电话：（021）38284910（12）（发行）　38284923（总编室）　38284910（传真）
E-mail：cbs@shmtu.edu.cn　URL：http://www.pujiangpress.com
上海盛通时代印刷有限公司印装
幅面尺寸：170 mm × 240 mm　印张：11.75　字数：210 千字
2023 年 10 月第 1 版　2023 年 11 月第 1 次印刷
定价：68.00 元

支持世界一流国际航运中心建设 · 豪华邮轮出版工程

获工业和信息化部高技术船舶项目（MC-201917-C09）资助

丛书编委会

编写组

编写单位：上海海事大学

联合编写单位：中国旅游车船协会邮轮游船游艇分会

主　　编：蒋昊昱

参编人员：战　俊　李思雨　张　雪

黄雪忠　陈礼南　张　强

专家组

同济大学设计创意学院教授：陈　健

中国旅游车船协会秘书长：宋　磊

皇家加勒比游轮亚洲区主席：刘淄楠

上海市宝山区滨江开发建设管委会主任：江瑞勤

中船邮轮科技发展有限公司战略管理部主任：顾鹏程

爱达邮轮有限公司项目经理：夏琼漪

同济大学建筑设计研究院建筑照明所所长：杨　秀

序

很高兴看到我们建筑与城市规划学院的优秀学子蒋旻昱博士毕业后继续在自己热爱的领域耕耘并取得成就，作为上海海事大学一名年轻的副教授，将自己从攻读博士阶段的邮轮游艇设计研究成果进行延续和拓展，在同人的帮助下，编著了这本《邮轮设计美学与主题意蕴研究》。

在邮轮设计上，我不是专业的，但作为一名城市的规划设计师，我们知道，所有设计的精髓和价值都在于创新，每一个新的设计与过去有什么不同，不同在哪里，这一点不同是不是更智慧、更巧妙、更本质?

作为中国的设计师，我们更知道，设计二字并不只是简单的 design。西方 design 是从形态、结构入手来解构形态的，从而达到对物、对对象的提升。而中国的设计则源自军事用语，是对智慧、效果的预设，在别人不知不觉中完成设计者要达成的目标，在别人以为是日常习惯而视而不见时，设计者能看到别人视而不见的背后的东西；在别人顿悟拍案叫绝时，设计才是一个成功的设计。1980 年代末，西方工业设计有了战略设计（strategy design），这才更接近中国人所说的本义的设计。从这一点看，中国人做设计应该要比西方人更高明，不是简单地跟着西方 design 的灌输，做着别人熟视无睹的东西，而是提取中国人设计的智慧，悟到即赢。

旻昱副教授在这本书中，不仅系统梳理了邮轮设计的历史，以大量图片和详尽说明剖析了经典案例的精髓；还作了规律性的提炼，如设计美学之规律，邮轮空间和功能布局演变之规律，以及邮轮消费市场的特征和规律；更重要的是，对邮轮美学设计的定制化、健康融入、自然可持续和智能化的未来趋势做了前瞻预测，是一位设计者对未来邮轮设计的“高明”之处的智慧探索。

中国工程院院士
德国工程科学院院士
瑞典皇家工程科学院院士
同济大学建筑与城市规划学院名誉院长
吴志强 2023 年立春 于 同济大学校园

目　录

第一章 设计论

第一节 邮轮设计美学

邮轮有别于其他船舶，是一种为了满足人们高品质旅游消费要求的产品，高舒适性、高体验性是邮轮设计的主要目的。高舒适性是指邮轮具有舒适的室内外环境，高体验性是指邮轮独特的艺术风格和精美的装修与陈设。因此，对于邮轮来说，美学设计是邮轮实现应用价值的首要手段，是实现旅游体验功能的重要保证。要分析邮轮设计美学，首先需要了解设计和美学。

一、设计美学

现代设计作为时代的产物，它与社会的发展和人类的生活息息相关。设计美学兼有设计学与美学的双重特性，是设计学和美学的交叉融合。研究设计美学，对理解、发现和解决设计中的美学问题，提高审美和鉴赏能力大有裨益。从这一意义上来说，设计美学是研究“设计之美”的本源、创造和表现的基本规律的学科。

1. 美学和设计

理解设计美学，首先要了解什么是美学？美学是人类用来解释审美意识和艺术创造的一门哲学学科，来源于希腊语 aesthetikos，最初的意思是“对感官的感受”。1750 年鲍姆嘉通在《美学》著作上提出两个观点：美学为研究人感性认识的学科，美学对象就是感性认识的完善。学术界普遍认为，美学就是对美的本质、意义以及规律进行研究的学科。美学作为一门社会学科，是在社会的物质生活与精神生活的基础上产生和发展起来的，是人本质的对象化，能引起人们的愉悦心情。现代美学除了解释和阐明审美现象，帮助人们了解美、欣赏美的特征和规律外，还能提高人的精神和审美能力，达到“诗意地栖居”。

设计是人们在日常生活、生产中的特殊形式的审美活动，是属于现代美学体系的一个范畴。在《大不列颠百科全书》中，design 是指在进行某种创造时计划和方案的展开过程，即头脑中的构思。《现代汉语词典》对“设计”的解释是“在正式或做某项工作之前，根据一定的目的要求，预先制定方法、图样等。”今天，design 被赋予了更为丰富的内涵，不仅是美的感受，还包括了文化、体验和创意的形式，在各个领域都得到了广泛的传播和使用。设计成为国际上通用的技术、艺术和生活完美结合的美学核心概念和主要研究对象，成为艺术门类的重要文化创造行为。

设计源于生活，应用于生活。时代在发展，人们的审美也在不断变化，设计需要顺应审美的变化趋势，以人的情感、文化精神需求为本，满足人类情感表达。因此，设计首先就是对人的生活体验方式的设计，强调人与物、环境和自然的完美结合和统一。其次，科学技术带来了材料、工艺和方法的革新，对设计功能和审美进行创造，通过信息化融入人们的生活。在技术和艺术的结合过程中，设计科学得到了软化，而艺术美学得到了物化，设计思维和科学技术相互促进发展。

2. 设计美学

设计美学作为一门学科，在 20 世纪初期才出现，由于其历史背景以机器为核心，进而成为机器生产体系以及相应美学主张权和美学理论支撑的时代产物。设计美学是设计学与美学交叉发展而来的一门新兴学科。美学关注人们的内在精神世界，设计美学主要关注物质领域的事物，是一种服务于市场经济的新兴应用美学，是设计文化美的表现。

设计美学的研究立足于审美和艺术理论，探索设计美的来源、本质、规律和审美形态、体验标准、活动形式以及设计中一些具体技艺美等问题，针对现代设计在审美和艺术上如何与技术结合的问题，提出合理的方式和途径。设计的合理性，并不仅仅在于设计师，而是要依据市场、消费者和生产者来判断。设计美学同时还要在科学技术的基础上，综合艺术、人文、心理、技术和经济等多学科交叉研究，追求创新协同发展。“以人为本”一直是设计美学所追求的目标，也是发展和进步的动力。

作为新兴的美学学科，设计美学以设计为核心向周边相关领域进行渗透和辐射，这必然营造出一个更为广阔的审美语境。为此，设计美学常常采用叙事方式或者心理感受的方式对这些美学语境进行深度意义上的描述。在具体的审美描述过程中，被描述的对象受制于地域和历史文化等不同维度效应，进而使设计美学能够获得更加宽泛的审美视野。这种宽泛的审美视野决定了设计美学具有超越和突破历史局限性的力量。

二、邮轮设计美学

邮轮设计美学就是把美学原理运用到邮轮设计领域，探索邮轮设计过程中审美规律的表现形式与艺术表达的思维方法。邮轮设计美学研究内容是一种服务于市场经济的新型应用型美学，是邮轮设计文化的实践化。邮轮美学表现出高度综合性，它不仅涉及社会学、心理学、艺术学等问题，还涉及人文学、船舶学以及各种技术科学知识，是融合自然科学与社会科学，集艺术、物质和精神文化于一体的边缘性、交叉性和综合性的学科。邮轮美学呈现出来的审美语境在其客观存在的状态中并非仅仅表现出单一的视觉模式，而是兼有鲜明的品牌和文化特征。邮轮设计的风格在某种程度上决定了邮轮人文环境和语境。根据地域文化的区别，邮轮的设计风格也不尽相同。意大利邮轮的设计风格为浪漫、豪华、典雅；美国邮轮则注重个性化的设计，体现个人品位与生活方式；英国邮轮具有古典贵族的气息；亚太地区邮轮则更多注重功能性和地域文化。

邮轮设计的审美语境主要是邮轮本身造型和空间带来的美感事实，这种设计美感充满了艺术灵性，而这些与设计师和船东的审美以及文化内涵有着内在联系。因此，邮轮设计的文化语境涵盖了设计师本人的思想观念、船东对市场的考量以及对品牌文化的传承。柯布西耶于 1923 年出版的《走向新建筑》一书中，首次提到了轮船美学，他热情洋溢地赞扬了远洋轮船的美，认为船舶设计是一项精神的创新，是机械与美的融合，体现了胆量、纪律、和谐、活力与刚硬之美。工程师和工匠们在最积极地利用现代美学创造伟大的时代，他们突破了厚重的设计模式的枷锁、单一的风格以及陈旧的观念，将创新的设计、高超的技术以及实用的功能完美地体现在邮轮设计中。

邮轮美学的存在不是仅仅作为审美对象供人欣赏，而是承载了交通、旅游和运输等各种功能。实用性是邮轮的目的，它的形式取决于客观实际的需求以及如何让用户得到体验感和快感。在理解和鉴赏邮轮美的时候，决不能脱离功能，在构思和设计邮轮时，也不能单纯从审美观点来思考，不仅要考虑视觉美，还要兼顾使用中的体验美，才能给游客带来高艺术性、高审美性、高体验性和高舒适性的邮轮空间。

邮轮设计中功能美并不是设计美的唯一性，人们对物质和精神的需求配比不同，造成邮轮设计的功能和形式配比并非一一对应，这种非对应的关系使形式美在设计里具有了相对的独立性。邮轮居室空间，最主要的是提供舒适的生活需求，除了必须满足基本的使用功能外，还要根据功能匹配相应的装饰物；邮轮公共空间更偏向于文化与多感官体验，显示与众不同的艺术风格，形式美显得尤为重要；室内装饰物满足除审美这一最基础的功能外，更多的是提供精神方面的享受，带给游客愉悦的多感官感受。

所以，邮轮设计因定位属性的差异让功能美与形式美配比度产生不同，形式不必完全追随功能而一一对应，功能也不必让位形式而华而不实。邮轮美学势必要在经济驱动的创新思想中，推动邮轮设计朝着更多元、更综合、更符合美好生活的目标进发。

第二节　邮轮主题艺术

一、邮轮品牌和风格

邮轮品牌是在邮轮企业自身定位的基础之上，基于品牌定义的视觉沟通，是一个协助邮轮企业发展的形象实体，不但帮助企业准确地把握设计主题方向，而且能够使人们正确、快速地对企业文化有较深刻的记忆。邮轮品牌意味着邮轮硬件（物理环境）和软件（邮轮体验）都有统一的标准，但是品牌特色并不是市场研究或战略规划的产物，而是根据消费者的需求和意愿不断调整的市场产物。在邮轮旅游中，游客可以体验和感受到品牌文化价值内涵，提高对品牌的忠诚度，并愿意重复消费。

在邮轮刚开始发展时，邮轮企业并没有品牌意识，整个邮轮行业紧紧围绕邮轮运营来开发航线。直到 1972 年，嘉年华邮轮旗下第一艘邮轮被命名为“狂欢节”号（Mardi Gras）。顾名思义，嘉年华邮轮要把邮轮旅行打造成像参加狂欢节一样好玩的旅游项目。嘉年华邮轮通过“快乐邮轮”来迎合游客的旅行需求，Fun Ships 成了嘉年华邮轮的企业品牌，并一直沿用到现在。与嘉年华邮轮一样，其他邮轮企业也都有各自品牌特色，以此来区别其他企业的产品，如：公主邮轮“公主礼遇”、名人邮轮“精致生活”、皇家加勒比国际游轮“高科技”等（表 1.1）。

表 1.1　不同邮轮品牌设计风格

邮轮企业		品牌定位	装饰风格
嘉年华邮轮集团	嘉年华邮轮	快乐邮轮	拉斯维加斯风格、富有想象力
	歌诗达邮轮	意大利风情	意大利传统与现代风格、高科技
	公主邮轮	公主礼遇	英伦公主风格、中性和沉静的色调
诺唯真邮轮	诺唯真邮轮	海上头等舱	现代、前卫的设计
	大洋邮轮	温暖、舒适的个人化服务	休闲低调、美式乡村
	丽晶七海邮轮	豪华舒适	奢华低调
皇家加勒比邮轮集团	皇家加勒比国际游轮	高科技	创新性、现代感
	名人邮轮	精致生活	清新精致的风格

表 1.1 （续表）

邮轮企业	品牌定位	装饰风格
爱达邮轮	爱游无界	东方美学结合现代设计理念 呈现古典与现代的融合
迪士尼邮轮	迪士尼特色	将迪士尼主题公园场景融入邮轮

品牌定位除了品牌向消费者传递出的文化价值和内涵外，最重要的是提供一流的服务体验，从而创造品牌财富。邮轮装饰行业的快节奏发展以及客人不断变化的需求，促使邮轮公司也在不断地调整策略。2016 年，荷美邮轮公司、诺唯真邮轮公司、名人邮轮公司（以下简称名人）以及地中海邮轮公司等世界领先的邮轮公司都进行了品牌更新。名人“爱极”号（Celebrity Edge）从室内设计到服务体验都进行了调整，新的品牌散发着现代气息（图 1.1），与过去的拉斯维加斯风格（图 1.2）相去甚远。室内设计方面，名人邮轮并没有选择在邮轮市场拥有先前经验的设计公司，而是聘请了建筑设计师来实现其主题设计。可见，邮轮品牌决定着主题特色，并影响邮轮设计的风格，邮轮设计也随着邮轮公司不断变化的愿景而变得更加富有创意而炫目。

图 1.1　名人“爱极”号餐厅

图 1.2　名人“无极”号餐厅

二、邮轮主题和定位

邮轮风格通常以某一特定主题为素材，从其内外装饰设计来体现邮轮主题文化理念和艺术风格，并围绕这种主题构建具有全方位差异性的邮轮空间氛围和经营体系，从而体现出一种独特的魅力与个性特征，让游客获得个性化的空间体验与文化感受，彰显邮轮品牌与定位。

邮轮的主题定位模式在一定程度上借鉴了陆地酒店建筑的主题定位，每个品牌的每艘邮轮均设有一个独特的主题。嘉年华邮轮在购买了三艘邮轮之后开始建造属于自己品牌的新邮轮，他们聘请乔·法库斯（Joe Farcus）来做内装设计。作为迈阿密海滩枫丹白露酒店的设计师 Morris Lapidus 的门徒，法库斯创造的风格很快成为嘉年华品牌的关键元素。他从不跟随时尚，而是大胆创新，构思出奇妙的风格，在嘉年华“胜利”号上，法库斯用金属壁纸覆盖了让人想起远洋客轮异国情调的漆木，还安装了粉红色、洋红色和橙色调中带有棱角图案的地毯（图 1.3）。在嘉年华“自主”号上，不仅有埃及元素的剧院，还有巨型彩绘手臂的酒吧（图 1.4）。

图 1.3　嘉年华“胜利”号大厅

图 1.4　嘉年华“自主”号 Hot & Cool 酒吧

作为为嘉年华邮轮服务逾 30 年的首席室内设计师，法库斯的风格与众不同，有时也颇具争议。但毋庸置疑的是，他的设计很好地诠释了“快乐邮轮”这个品牌定位，独具创意的设计主题，让每位体验过嘉年华邮轮的游客都惊叹不已，表 1.2 就是法库斯为嘉年华邮轮设计的系列主题。

表 1.2　嘉年华邮轮的设计主题和参数配置

邮轮名称	设计主题	注册总吨	空间比率	游客船员比
嘉年华“辉煌”号（Carnival Splendor）	精彩的事情 splendid things	113 300	31	3.14
嘉年华“自由”号（Carnival Freedom）	几个世纪 decades through the centuries	110 000	31	3.10
嘉年华“自主”号（Carnival Liberty）	伟大的工匠和工匠作品 great artisans & artisan works	110 239	31	3.11
嘉年华“奇迹”号（Carnival Miracle）	著名的虚构偶像 famous fictional icons	85 942	35	2.54
嘉年华“英勇”号（Carnival Valor）	著名的英雄和女英雄 famous heroes & heroines	110 000	31	3.11
嘉年华“光荣”号（Carnival Glory）	彩虹的色彩 rainbow of colors	110 239	31	3.11
嘉年华“征服”号（Carnival Conquest）	印象派 impressionist	110 239	31	3.11
嘉年华“传奇”号（Carnival Legend）	传奇人物 legendary figures	85 700	35	2.54
嘉年华“骄傲”号（Carnival Pride）	美丽的象征 icons of beauty	85 920	34	2.65
嘉年华“精神”号（Carnival Spirit）	著名的艺术风格 famous artistic styles	85 920	35	2.54
嘉年华“胜利”号（Carnival Victory）	世界著名的水域 world famous bodies of water	101 509	31	3.18
嘉年华“凯旋”号（Carnival Triumph）	世界大城市 great cities of the world	101 509	31	3.18
嘉年华“天堂”号（Carnival Paradise）	伟大的远洋班轮 great ocean liners of the world	70 390	29	2.51

表 1.2 （续表）

邮轮名称	设计主题	注册总吨	空间比率	游客船员比
嘉年华“兴奋”号（Carnival Elation）	激发艺术家灵感的缪斯 muses who inspire artist	70 390	29	2.51
嘉年华“命运”号（Carnival Destiny）	不朽 monumentality	101 353	32	3.05
嘉年华“启示”号（Carnival Inspiration）	艺术的创意精神 creative spirits of the arts	70 367	29	2.51
嘉年华“幻想”号（Carnival Imagination）	古代的传奇象征 legendary symbols of antiquity	70 367	29	2.51
嘉年华“魔力”号（Carnival Fascianation）	向好莱坞致敬 salute to Hollywood	70 367	29	2.51
嘉年华“感知”号（Carnival Sensation）	感觉 senses	70 367	29	2.52
嘉年华“狂欢”号（Carnival Ecstasy）	海上城市 city at sea	70 367	29	2.68
嘉年华“梦幻”号（Carnival Fantasy）	随着时间的变化 changes through time	70 367	29	2.52

邮轮因富有创意的设计主题而闻名，游客在远离城市的水上移动度假空间中享受“乌托邦”式的体验，邮轮旅游带给游客愉悦和享受。过去人们常常认为邮轮是专为富人和老年人设计的“无聊”“沉闷”的产品，但随着技术的发展和设计理念的转变，邮轮在这些才华横溢的设计师手中变得生动有趣，日益多元化。他们利用美学构建符合地域审美的视觉造型，透过主题传达品牌特征，利用设计潮流制造经典作品。这些创新理念和设计风格，让邮轮永远能适应游客期望，也永远能超乎游客的期望，保证了邮轮旅游的长盛不衰。

第二章　认识邮轮

邮轮因其高难度建造技术而被誉为世界造船业“皇冠上的明珠”，它集先进技术和艺术审美于一身，体现了奢华的理想与未来。在 21 世纪的今天，邮轮不仅是一座可以移动的超五星级酒店，更是一个在大海上流动的休闲度假村。邮轮除了具备酒店的基本功能外，还有大量的运动娱乐设施，如各种风味餐厅、剧院、桑拿中心、夜总会、绿化公园、赌场等。不得不说，现代豪华邮轮是一个集商务、观光、旅游、休闲、娱乐和住宿于一体，带给人们时尚消费与娱乐体验的“海上度假村”。

邮轮除了考虑实用性、技术性和经济性外，邮轮设计美学是非常重要的组成部分。邮轮的外观造型通常具有艺术感染力，能够引起人们的审美感受。邮轮的主题体现品牌特性、文化内涵和社会内容，如：曾经在中国运营的诺唯真“喜悦”号（Norwegian Joy）邮轮的中国主题、歌诗达“威尼斯”号（Costa Venezia）邮轮的威尼斯主题，就体现出不同品牌和地域文化的差别（图 2.1）。邮轮的室内空间通过对抽象主题的演绎，在各类功能空间中创造出各式各样的装饰形象，有的风韵无穷，有的简约时尚，有的典雅肃静，用空间氛围和造型式样表达艺术效果。可见，现代邮轮设计具有鲜明的艺术美学特点，是时代、文化和科技的体现。

欧洲在邮轮设计建造方面凭借出色的造型和内装美学设计能力、精湛的建造水平一直独占鳌头。在国外，邮轮业的发展已是相当成熟，而在国内，豪华邮轮设计建造仍是有待充分开发的领域，要靠国内船厂、设计机构与科研人员联手共同来打造奇迹。

图 2.1　不同主题风格邮轮室内装饰

第一节　邮轮的界定

邮轮的定义随着历史的变迁而变化。传统邮轮，又叫邮船。顾名思义，“邮”字本身具有交通的含义，而且过去跨洋邮件总是由这种大型快速客轮运载，故此得名。

大航海时代以后，洲际间或水上长距离传送邮件，通常是委托航速高的大型客船来承运的，这类大型客船航行在固定航线上并定期启航和按时到达，于是这类大型客船便常被称为邮船（Liner）。1837 年，英国铁行渣华船运公司利用蒸汽帆船开办了海上客运兼邮件运输业务，这即是邮轮的雏形。1840 年，“大不列颠”号蒸汽轮船离开利物浦开始横跨大西洋，世界上第一艘邮轮诞生。1850 年以后，英国皇家邮政允许私营船务公司以合约形式，帮助其运送信件和包裹，这个转变，令一些原本只是载客的船务公司旗下的载客远洋轮船，转变成载客远洋邮务轮船，“远洋邮轮”一词由此诞生。从此以后，邮轮业开始蓬勃发展。

可惜的是，在第二次世界大战中，欧洲各国蓬勃发展的邮轮产业卷入了这场浩劫，不计其数的邮轮被击沉或被挪作运兵船、医疗船用。战后没过多久，方兴未艾的邮轮市场又遭遇到“天敌”——大型民航飞机。随着航空技术的发展，洲际航线和远距离水上航行很快就被飞机所取代，于是传统邮轮逐渐完成历史使命，退出了历史舞台，取而代之的是现代邮轮。现代邮轮（Cruise ship）诞生于 20 世纪 60 年代末的北美，在 20 世纪 80 年代开始迅速发展。现代邮轮主要服务对象是游客，而不是旅客，是那些喜欢享受海风、日光、广袤的大洋，喜爱到世界各地大城市观光，体会邮轮上的五星级宾馆服务和海上生活情趣的游客。这类豪华邮轮可以带点货，但承运邮件已不是它的重要任务了。

现代邮轮和传统邮轮虽然字眼上并无不同，但它们的定位相差甚远。传统邮轮仅仅是海上客运工具，目的是把旅客运送到彼岸，其丰富的生活娱乐设施是为了让旅客的行程更为舒适；现代邮轮本身就是旅游目的地，是一个移动的豪华度假村（图 2.2），它让人们逃离现实生活，或独自冒险，或与家人朋友亲密相伴，体验旅途的风光和邮轮上的设施，其意义更接近于“现代旅游船”。从表 2.1 就能看出两者的差异。

图 2.2　绿洲级邮轮开启豪华邮轮新时代

表 2.1　传统邮轮与现代邮轮的区别

类别	定位	功能	空间特点	上岸活动
传统邮轮	交通工具	运载邮件（货运）、移民（客运）	多用木材、铜和其他天然材料 客舱小，多为甲板以下 公共空间小	抵达目的地
现代邮轮	移动的度假村	为旅客提供集住宿、交通、生活娱乐于一体的旅游产品	轻质复合材料居多 客舱尽可能设置为开放海景房 公共空间大，集合休闲娱乐功能	观光成为旅游全过程中的重要部分

第二节　邮轮的分类

一、根据邮轮大小分类

衡量一艘邮轮的大小是按照吨位（Tonnage）来计算的，总体来说包括重量吨位（Weight Tonnage）和容积吨位（Volumetric Tonnage）两种。重量吨位可分为排水量吨位和载重量吨位。排水量吨位也是邮轮自身重量的吨位；载重量吨位表示邮轮在运营中能够使用的载重能力，即船舶所能装载的最大重量。容积吨位是表示船舶容积的单位，也称注册总吨（Tonnage）。注册总吨表示邮轮按照其登记证书所记载的吨位，这是邮轮最常用的衡量参数指标，也是业界划分邮轮大小的重要依据。根据注册总吨，邮轮可分为 5 种，见表 2.2。

表 2.2 按照注册总吨位划分邮轮

分类	注册总吨	总长 / 米	型宽 / 米	型深 / 米	载客量 / 人
微型邮轮 Very Small Cruise	<10 000	<148	<25	<13	<200
小型邮轮 Small Cruise	10 000~50 000	148~215	25~32.6	13~18.1	200~1 000
中型邮轮 Midsize Cruise	50 000~100 000	215~270	32.6~36	18.1~24.9	1 000~2 000
大型邮轮 Large Cruise	100 000~150 000	270~348	36~43.2	24.9~34	2 000~4000
巨型邮轮 Mega Cruise	>150 000	>348	>43.2	>34	>4 000

从表 2.2 可以看出，邮轮大小依据吨位而定，巨型邮轮（Mega Cruise）和大型邮轮（Large Cruise）是指船长 270 米以上，总吨位大于 10 万且载客量大于 2 000 人的邮轮。此类型邮轮游客活动空间大、设施完善，娱乐项目丰富。

“海洋奇迹”号邮轮

皇家加勒比公司的“海洋奇迹”号（Wonder of the seas）邮轮（图 2.3），全长 362 米，宽 64 米，23.7 万总吨，共有 18 层甲板，邮轮上设有 2 867 间客房，最多可接待 6 988 位宾客。它是皇家加勒比绿洲系列的第 5 艘邮轮，品牌船队的第26艘邮轮，交付后刷新世界最大豪华邮轮的纪录。邮轮上拥有8个各具特色的主题社区，配备一系列的全新设施，游客们置身其中每时每刻都能发现新的惊喜。

图2.3　皇家加勒比“海洋奇迹”号

“爱达·魔都”号邮轮

“爱达·魔都”号（Adora Magic City）是中国首艘国产大型邮轮，13.55万总吨，全长323.6米，宽37.2米，共有16层甲板，2 826间舱室，最多可接待乘客5 246人。Adora寓意浪漫、美好，Magic City既凸显了上海设计、上海制造的身份，又体现“奇幻缤纷的魔力、文化交融的魔幻、潮流时尚的摩登”的内涵。“爱达·魔都”号聚焦“新生代”“新老人”“新中产家庭”三大核心消费群体，融汇多元世界及中国文化精粹，多维度构建独具特色的邮轮体验。

“爱达·魔都”号（图2.4）的诞生，填补了国产大型邮轮的空白，实现了国产大型邮轮领域零的突破。我国成为继德国、法国、意大利、芬兰后全球第五个有能力建造大型邮轮的国家。

图 2.4 “爱达·魔都”号

中型邮轮（Midsize Cruise）是指船长低于 250 米、5 万 ~10 万总吨且载客量低于 2 000 人的邮轮。相比大型邮轮的大众化定位，中型邮轮则偏向定制化和高端化，其建筑的奢华程度与舒适性要求更高。中型邮轮的空间比率约为大型邮轮的两倍以上，由于空间比率的提升，舱位布置得以优化，能够大量甚至全部采用全阳台房客舱的设计方案，提升邮轮上游客的旅游体验。此类邮轮往往具有独到的文化特点和生活体验，让游客更好地享受宁静、舒适的度假环境，充分享受浪漫的邮轮生活。中型邮轮体量较小，游客们在邮轮上的步行距离短，也基本无须排长队，比较适合老人和家庭乘坐。

“地中海”号邮轮

中船邮轮旗下爱达邮轮有限公司所拥有的“地中海”号（Mediterranea）邮轮（图 2.5）作为疫情后首艘回归中国市场开展常态化运营的大型国际邮轮，于 2023 年 9 月 14 日从新加坡启程，经过 8 天航行顺利于 2023 年 9 月 22 日上午靠泊天津国际邮轮港，2023 年 9 月 30 日开始执航从天津出发的国际航线。

“地中海”号邮轮被誉为“艺术之船”，全长 292 米，8.6 万总吨，可容纳 2 680 名乘客，拥有 1 057 间豪华客房和套房。全船艺术装饰以地中海文明为创作源泉，借以油画、雕塑和浮雕以及巴洛克式建筑风格再现昔日古埃及、古希腊、古罗马文化和艺术审美，溯源地中海文明和发展历程，为沉浸其中的乘客开启一段奇幻的地中海文明探索之旅。乘客可以在银匠主餐厅享用独具特色的地中海美食和地道的中式珍馐，在奥西里斯大剧院欣赏精彩绝伦的《风情地中海》演出，在名品荟萃的免税品店和海上集市畅享欧洲时尚购物体验，在充满艺术氛围的中庭、甲板、酒吧开启超越时空的中西方艺术对话。

图 2.5 “地中海”号

小型邮轮（Small Cruise）一般指探险类邮轮。此类邮轮虽然体型小，载客量仅为 200~1 000 人左右，却是体验感最高的邮轮。它可以深入一般邮轮难以到达的绝美之地，为游客带来无与伦比的个性化高端体验，让游客深感乘坐此类邮轮已成为彰显身份和地位的象征。

"奋进"号邮轮

银海"奋进"号（Silver Endeavour）全长164.5米，宽23.4米，2万总吨，极地航行等级达PC-6级。共有10层甲板，载客量200人，专为在热带和极地等极端条件下展开环球探险所设计。

"奋进"号采用全露台套房设计，每间套房均提供私人管家服务。邮轮上提供宽敞的公共空间，配有全方位服务的水疗、沙龙和设备完善的健身室，更配备专为探险旅程而设的活动区、专用更衣室和直升机设施，以及可载7人的潜水艇，供游客海陆空极限冒险。

微型邮轮（Very Small Cruise）通常是指注册吨位小于10 000，最大载客量少于200人的邮轮。微型邮轮就像乘坐私人游艇，全海景套房的设计、宽敞的空间和管家服务带给游客私密且自由的体验。

"源原"号邮轮

银海邮轮以其超豪华邮轮和探险航线著称，它是为富有探索精神的人准备的，小巧的身形可以前往世界的各个角落，去涉足那些原始、未知的海域。

银海"源原"号（Silver Origin）（图2.6）全长101米，宽16米，5 800总吨，共有8层甲板，载客量100人，拥有8类不同等级的50间客房，所有的房间都有一个私人阳台。它是设计最现代、最环保的邮轮之一，邮轮上的动态定位系统可以使邮轮自动保持稳定的位置，达到了保护海床的作用；邮轮上的淡水净化系统减少了一次性塑料瓶装饮用水的消耗。

图 2.6 银海“源原”号

二、根据邮轮顾客分类

邮轮吨位越大并不意味着越豪华。邮轮的吨位是固定的，如果载客量过多则会使空间变得拥挤，影响游客的邮轮体验感受。因此，每位游客在邮轮中平均使用的面积变得非常重要，邮轮容积吨位（Volumetric Tonnage）与标准载客量（Number of Passenger）的比得出空间比率（Space Ratio），以此来评判邮轮空间体验感和舒适度。邮轮中空间比率越高，使用的平均面积越大，游客在邮轮中的活动空间也越大。这个比率的数值一般为 20~45 之间。

空间比率（客容比）= 容积吨位 / 邮轮的标准载客量

Space Ratio=Volumetric Tonnage/Number of Passenger

衡量邮轮的豪华程度另一个重要指标是载客量与船员数的比，也就是乘服比（Passenger/Mariner）。目前现有的邮轮的比率为 2.5~3.5，多为 3 左右，也就是说，一个船员服务 3 个客人，因此，比值越小服务等级越高，即一个服务人员对应的客人越少，则说明越豪华。例如：大洋邮轮、精钻邮轮还有贴身管家服务。这类邮轮通常吨位比较小，除了服务好以外，吨位较小的邮轮能航行到更小的地方、登船离船更加方便、游客更容易了解邮轮设施和邮轮上的其他游客。

乘客船员比（乘服比）= 邮轮的标准载客量 / 总船员数

Passenger/Mariner=Number of Passenger/Number of Mariner

根据现代邮轮运营中对目标顾客的定位不同，通过对国际邮轮企业协会网、中国国家发展改革委有关邮轮经济发展研究资料整理后，将邮轮分为以下 5 种服务类型，并对每种类型进行定义（表 2.3）。

表 2.3　邮轮服务类型

船型	特色	航程 / 天	一般日均消费 / 美金	主要客户群	乘服比	客容比
平价型 Budget	中型、大型，大众审美	≤ 7	＜ 300	中低消费群体	3~11	20~30
时尚型 Contemporary	小型、中型，一般为新船	≤ 7	＜ 300	初次体验者，青年人	2.4~3.0	26~39
尊贵型 Premium	中型、大型，多为新船	＞ 7	300~500	回头客，一般年龄较大且富有	2.0~2.3	≥ 40
奢华型 Luxury	中型、大型，较宽敞，多为新船	＞ 7	400~800	高端收入群体	1.5~1.9	≥ 40
探索型 Expedition	小型，较少装饰	≥ 10	300~800	追求特殊经历	1.0~1.5	≥ 40

根据表 2.3 可以得出，5 种类别主要是依据乘服比、日均消费和客容比来进行划分的，乘服比越小，邮轮的级别越高，日均消费也越高，客户群相对也更高端。特别是探索型邮轮，一个航次人均消费高于 10 万，差不多一个船员服务一位客人，真正达到私人管家式服务。同时，小型和中型邮轮的客容比相对较高，而大型和超大型邮轮客容比较低，因为小型邮轮可以去更多新奇的航线，更灵活机动，且装修奢华、空间宽敞、服务更周到，满足高端人士出行需求。大型邮轮虽然尺度大，娱乐设施丰富，但是人数众多，是以满足大众消费为目的的度假设计的，由此，根据服务类型对邮轮市场的各大品牌进行分类见表 2.4：

表 2.4　根据服务类型对全球邮轮市场进行分类

船型	邮轮数 / 艘	邮轮品牌
平价型 Budget	23	普尔曼邮轮、阿依达邮轮、海达路德邮轮
时尚型 Contemporary	123	铁行邮轮、地中海邮轮、途易邮轮、诺唯真邮轮、渤海邮轮、丽星邮轮、皇家加勒比游轮、歌诗达邮轮、迪士尼邮轮、嘉年华邮轮
尊贵型 Premium	46	维京邮轮、冠达邮轮、天海邮轮、荷美邮轮、名人邮轮、公主邮轮
奢华型 Luxury	17	丽晶七海邮轮、保罗高更邮轮、水晶邮轮、大洋邮轮、精钻邮轮
探索型 Expedition	19	庞洛邮轮、世邦邮轮、银海邮轮、夸克邮轮、海达路德

三、根据邮轮功能分类

根据邮轮的功能特点，邮轮可以划分为经典远洋邮轮（Classic Ocean Liner）、现代海上邮轮（Contemporary Cruise Ship）、近海邮轮（Small Cruise Ship）、内河游轮（River Cruise）和探险邮轮（Expedition Cruise Ship）。

1. 经典远洋邮轮

多用于跨越大洋的洲际或环球航行，一般吨位较大，性能优越，内部设施豪华，造价也较高。新旧的分界点是 1970 年，第一次下水时间早于 1970 年的邮轮称为经典远洋邮轮。

“伊丽莎白女王 2”号邮轮

“伊丽莎白女王 2”号（Queen Elizabeth 2）邮轮于 20 世纪 60 年代末下水，由全球最大的邮轮经营集团美国嘉年华公司旗下的英国丘纳德航运（CunardLine）公司经营。曾荣获“世界上最大的邮轮”和“最好的跨大西洋邮轮”称号。环游世界 25 次，横跨大西洋 800 多次，行驶了 600 多万英里，运载了 250 万名游客。

该邮轮 7.5 万总吨，全长 294 米，高 54 米。邮轮上拥有 950 间套房，其中海景房多达 670 多套，可载 1 791 名旅客和 921 名船员，游泳池、高尔夫球场、图书馆、剧院等娱乐、休闲场所一应俱全。

2. 现代海上邮轮

现代海上邮轮是集休闲娱乐为一体的海上豪华酒店式度假村，一般投资较大。随着科技和审美的发展，现代邮轮的船型越来越优美、体积越来越大，设施也越来越齐全，还有不少“黑科技”的应用，来吸引消费者。现代海上邮轮的高科技不仅体现在技术的升级，还体现在环保理念上，液化天然气、太阳能面板、循环净水等高科技的应用，在提供节能减排的同时也能享尽奢华。

“至极”号邮轮

名人“至极”号（Celebrity Apex），全长 306 米，船宽 39 米，12.9 万总吨，共有 16 层甲板，满载游客 3 370 人。该邮轮的亮点设计——神奇的外挂魔毯（Magic Carpet），巨大的橘红色平台升降电梯设计，可以悬浮在 2~16 甲板层，承担起不同的功能（图 2.7），像极了《一千零一夜》中那个可以载人飞行的神奇魔毯。

图 2.7　名人“至极”号侧面可升降魔毯设计

“托斯卡纳”号邮轮

歌诗达“托斯卡纳”号（Costa Toscana），全长337米，宽42米，18.5万总吨，共有20层甲板，载客量6 518人。该邮轮以“智慧城市”为设计理念，充分利用可持续性和循环经济的理念来减少对环境的影响，其使用的液化天然气（LNG）驱动技术将实现硫氧化物零排放，同时大大减少颗粒物、氮氧化物和二氧化碳排放。

3. 近海邮轮

近海游船多航行于局部区域，比如：加勒比海、墨西哥、阿拉斯加、地中海、中国沿海等美丽的海域地区。航程一般是从某个港口出发，到达一个或几个美丽的旅游港口，再回到出发港口，重新一个航程。

“奇观”号邮轮

迪士尼“奇观”号（Disney Wonder）停靠在佛罗里达州的卡那维拉尔港口，旅途相对较短。“奇观”号邮轮，全长294米，宽32米，8.3万总吨，共有11层甲板，载客量2 400人，它是一艘满是卡通人物的梦幻邮轮，有众多的游乐设施，好玩的青少年俱乐部，还有专为儿童们设计的泳池。同时，邮轮上的一些设施是专门为那些陪伴孩子度过假期的父母们准备的，父母们可以打高尔夫球、玩滑板、滑水作为消遣。迪士尼邮轮目标是向所有的孩子提供世界上最有趣的海上旅游，以家庭为主的人群定位，时尚的设计风格，带给游客温馨和欢乐的体验。

4. 内河游轮

内河游轮是指航行于江、河、湖泊的游览型客船。内河曲折，风浪小，船舶密度比海上大，内河游轮船体结构均弱于海上邮轮，可设计性也比较强。内河游轮虽然结构比海上邮轮简单，但是由于航道和航线的通行要求，在高度和宽度上都有所限制。欧洲的桥比较低矮，因此内河游轮只能越造越长，简约流畅的外观与城市相得益彰，带着游客穿梭在欧洲古典小镇，体验独特的自然风光和文化风情。

“长江叁号”游轮

我国长江游轮已经发展到第五代，第五代游轮从外观和室内设计都会更接近海上邮轮，在空间布置和室内装饰上体现人性化、实用性；选用最新的智能技术，倡导节能环保，突出高端、科技、绿色、舒适、体验。

最新的第五代游轮“长江叁号”游轮由招商局集团自主设计建造，全长 150 米、宽 23 米，1.6 万总吨，水面以上 6 层，最大载客 600 人。“长江叁号”不但是三峡游轮中最新的一艘，也是最豪华的游轮之一。它的设计理念是打造成一个活动的、超 5 星级的酒店，让游客可以在上面享受到吃喝玩乐一条龙的奢华旅游体验。让游客体验由过去“坐船去看风景”到“坐船去享受生活”的转变。

5. 探险邮轮

探险邮轮始于 1966 年，当时 Lars Eric Lindblad 把旅行者带到迄今为止只有科学家和探险家到访的地区，形成了最早探险邮轮的雏形。近些年来，随着游客的旅游体验的升级，越来越多的邮轮进入探险领域。比如：南北极、峡湾、雨林等都是常见的探险邮轮的目的地。在众多的探险目的地中，南北极的探险占了 50% 的份额，其中又以南极居多。

“冒险”号邮轮

世邦“冒险”号（Seabourn Venture），全长 170 米，宽 26 米，2.3 万总吨，载客量为 264 人（外加 120 名工作人员）。该邮轮专为探险旅行者营造冒险的氛围，玻璃板上展示了南极洲的旧地图，大型触摸屏呈现目的地旅行信息，包括照片、地图、导航图、天气图等装饰物，打造一个旅客们交流探险经验的聚集地（图 2.8）。

图 2.8　世邦“冒险”号外观和室内

探险邮轮没有想象中的那么大，“探险”的目的是让游客亲近自然。大型邮轮由于船型大、吃水深、游客多等因素，不仅限制了航行的区域，同时也影响游客的体验。因此，合适的游客数量，灵活的船型，同时又不失舒适度才是豪华邮轮具备的特点。

第三节　邮轮的艺术设计特点

与陆地建筑设计不同，邮轮的特殊点在于，它既是多功能的综合建筑体，需要设计咨询师（Design Consultant）发挥其复杂空间的组织能力，又是在水上运行的巨型船舶，需要服从船舶建筑工程师（Naval Architect & Marine Engineer）的专业建造意见，还要根据造船厂的设计需求和施工承包单位的建造配合，才能创造出既满足船舶设计要求，又具有丰富多变室内空间的豪华邮轮，因此邮轮上层建筑部分的设计是邮轮的核心。

一、邮轮艺术设计内容

邮轮设计包括结构设计、外观造型设计和室内设计，体现了“艺术创意”和“船舶科技”的融合。我们所说的邮轮艺术设计是指水线以上上层建筑的设计。上层建筑是游客居住的住宅区，配备各种设施和娱乐设施，有数百间客房、餐厅、赌场、游泳池、休息室、夜总会、剧场，以及高尔夫球场、会议室和儿童设施等。

1. 邮轮外观造型设计（图 2.9）

邮轮外观造型设计包含外部造型、涂装和附属造型。

邮轮外部造型，主要指艏部、艉部、船体和上层建筑。邮轮整体的外观轮廓线比较相似，主要差别是主船体型线和整体外观轮廓特征，其中主船体的造型体现品牌风格，给人视觉感受与心理效应，是最具特点的识别性元素。艏部、艉部和舷侧的型线特征促使邮轮品牌形成独具个性的设计风格，进而品牌的识别性得到增强。船尾主要作用是产生动感，与上层建筑的舷墙后相连，主要有三种形式：封闭式、半开半闭式、全开式。

涂装指的是船体依托于邮轮整体结构造型之上的外部平面色彩效果，包括能够提升邮轮整体外观艺术设计效果的全船色彩、局部色彩及其搭配，还有船名、徽标等文字装饰。邮轮外观涂装不仅要在设计上与邮轮外观的造型和结构相匹配，还应与航行环境和邮轮品牌定位相协调。

附属造型指的是船体外露的设备以及功能区的造型设计。

图 2.9　邮轮外部构造示意

2. 邮轮室内设计

邮轮室内设计包含空间设计、环境设计、装饰设计和陈设设计。

邮轮空间是指为游客和船员提供服务的客舱空间和公共空间，由邮轮上层建筑的室内空间（船首、船尾、甲板和各层内部甲板、舱壁、天花围合而成的室内部分，包含窗户、阳台、门等各种构件）和室外空间（无顶面或者是有遮阳棚的室外甲板空间）组成。

邮轮的空间环境对于海上密闭的空间来说是最基本的要求，良好舒适的舱室居住环境有益于游客的身体健康和空间体验感。邮轮的环境设计指的是空气品质、通风、热环境、光环境和声环境等五个因素，涉及建筑学、人体工程学、结构力学、物理学、生理学、心理学、光学等众多学科，它直接影响室内空间舒适程度。

邮轮装饰设计是指通过艺术手段对室内空间进行美化，改善室内空间的氛围，如典雅、奢华、浪漫、朴素等，从而满足人们对空间的审美需求。

邮轮室内陈设是针对家具、装饰织物、陈设艺术品、标识和绿化等方面的处理，起到美化环境，增添室内意境，强化室内风格的作用。

二、邮轮艺术设计限制条件

1. 邮轮外观与室内的尺度协调

邮轮外观个性美观，舱室空间考虑结构的合理性。现代邮轮室内空间尺度越来越大，外部造型越来越丰满，虽然牺牲了外观美感，但室内空间有了更多变化的可能性，提供更大面积的公共空间，提升了室内的体验感。

2. 考虑船体结构、设备和隐蔽工程等约束条件

邮轮设计需要考虑邮轮船体结构带来的空间约束与限制，通风部件带来的空间限制、施工维护约束与限制，障碍物分布带来的人流通道及安全通道约束与限制以及隐蔽工程带来的空间限制、施工维护约束与限制等多种约束，实现设计合理化、理性化，真正具备实用性、适应性和可拓展性。

3. 符合船舶专业的各项公约和规范

邮轮的类型、航线、航区等都是设计中应该考虑的问题，应满足船舶专业相应的规范和公约，其他如防火、消防、救生等要求也必须符合船舶专业的规范。中国首艘大型豪华邮轮设计建造就需满足国际公约、法规，船级社规范，船籍 / 港口国法规，邮轮行规 / 标准，世界卫生组织规范等大量法规与规范。在充分利用船上空间进行功能布置的同时，还要考虑载客运营的实际需求，并且满足国际海事组织、船级社、海岸警卫队等部门的各项技术法规要求。

4. 注重空间的体验性与经济性

邮轮主要依赖娱乐和休闲旅游的销售获得收益，其主题规划、娱乐设施配置、舱室面积和朝向等都直接影响收益变化。因此空间设计在考虑舒适度、艺术性和人文关怀的同时，要考虑合理的经济性。

三、品牌化下豪华邮轮设计美学特征

1. 邮轮设计系列性，符合大众审美

邮轮注重为客人构建一个完整的、识别性强的设计，让客人对邮轮的

亲密感加深。因此，邮轮的品牌建设是邮轮公司十分重视的方面。邮轮企业通过在邮轮设计中注入品牌的文化与特色，形成品牌的认知度。邮轮企业简单地模仿一种风格，例如东南亚风、意大利风格等，已经无法满足当下游客的审美需求，邮轮设计必定是和品牌无缝对接，把品牌理念准确地传递给消费者，提升游客的忠诚度。

嘉年华邮轮以 Fun Ship（快乐邮轮）作为主要的产品诉求来区别其他邮轮品牌。嘉年华邮轮辨识度非常高，船尾都有一个蓝白相间的类似鲸鱼尾状的烟囱（图 2.10）。船首前倾和鱼尾呼应，体现速度感和灵动性；船侧面造型简洁，线性规律排列；船尾较为圆润，延续侧面线性，整体统一。

图 2.10　嘉年华邮轮特色鱼尾设计

嘉年华邮轮的品牌文化也融合在室内设计中。其系列邮轮的室内设计都绚丽奇幻，夸张的摆设、绚丽的色彩，在闪耀和冲突中形成视觉上的冲击，间或有趣轻松，间或花里胡哨……体现了嘉年华品牌特色的同时，也暗藏了美式文化，如：嘉年华“英勇”号（Carnival valor）大厅美国国旗和总统石雕的元素，嘉年华“英勇”号 Rosie's 餐厅美国女工萝西（Rosie）的主题宣传海报的装饰应用（图 2.11~2.12）。在美国人民的眼中，去嘉年华邮轮度假游玩，就像周末去周边放松一样简单。亲切感的设计、丰富的娱乐活动，无不体现欢乐的主题，平价的定位也把嘉年华塑造成了人人都能负担得起的大众消费。唯有游客认可的设计才能惠及更多人心，带来对品牌的认知。

图 2.11　嘉年华“英勇”号大厅

图 2.12　嘉年华“英勇”号 Rosie's 餐厅

2. 内装设计个性新奇，符合功能需求

邮轮内装普遍设计新奇、个性鲜明，它通过主题的营造、空间形态的变化、景观要素的烘托等设计手法，给消费者带来独特的空间体验。如“爱达·魔都”号的内装设计融合东西方美学（图 2.13），交汇传统与现代设计灵感，通过多元艺术与智能科技交融共振，激活文化与艺术的魅力。

邮轮中美学体现，不仅要有艺术性，还要基于丰富多样的材质、造型多变的结构，兼顾耐火性能、隔音减振、轻质化、环保等要求，既体现审美需求和功能需求。如：公主邮轮“天空公主号”（Sky Princess）的天空中庭是一个多功能大厅，在空间中除了有两个旋转楼梯，还有各色各样的玻璃制品（枝形吊灯、水晶灯、装饰品等），在设计中不仅要考虑美观，还要考虑其安全性（图 2.14）。

图 2.13 “爱达·魔都”号爱达广场

图 2.14 公主邮轮“天空公主”号天空中庭

3. 主题意蕴丰富，体现科技感

随着消费人群的更高要求，千篇一律的产品不再具有吸引游客的能力，而是需要更多元化的产品。元宇宙、虚拟仿真、机器人等概念也逐渐在邮轮中出现，通过科技赋能，在邮轮设计中进行数字化和智能化的融合。在嘉年华“狂欢节”号（Mardi Gras）邮轮的表演厅弧形窗前有 6 个可自由旋转和垂直移动的 LED 屏。在表演期间，这些被称为“叶片”的设备共同形成了一个 21 米 ×7 米的 LED 区域，用于表演和播放电影（图 2.15）。

图 2.15　嘉年华“狂欢节”号可移动 LED 屏幕

4. 重视工程要求，更注重空间体验

邮轮设计既是工程设计，又是美学设计。从工程设计来看，它既要满足结构的强度要求，又要适应动力学的要求。从美学设计来看，它应当适应时代的特点和游客的喜好，设计师要像对待工艺品那样进行精细的设计，带给游客极致的美感。

游客们“离家在外”最重要的事情就是拥有舒适的体验，这样他们就可以享受离家在外同样温暖宜居的地方。邮轮设计自始至终都将“以人为本”作为设计的根本出发点，运用美学、心理学和人体工程学等方面的专业设计技巧，给游客们提供最舒适的环境，对空间进行规划和设计，包括室内空间结构的组织和布局，色彩和采光的设计等。在满足游客的精神追求的同时，营造温馨的环境氛围。

在邮轮的客房中，各个功能区域之间并不会有太严格的界限，它们是自由、开放、穿插甚至多功能的，需要更人性化的设计。公主邮轮为了让宾客拥有舒适极致的海上体验，把客房都升级成海景房，并以舒适高雅的客房设计（图 2.16），创新精致的餐饮和完善丰富的娱乐设施，让游客真正经历了一次“海上公主假日”之行。同时，高新技术的应用提升了人性化的程度，“环球梦”号客房在设计中融入了众多顶尖人工智能科技，包括蓝牙锁、智能家居系统等，旅客可以通过智能手机、语音识别、触摸式控制面板，实现灯光调节、温度控制等功能选择；客房内亦设有智能传感器，自动识别房内是否有人，实现节能环保及保持舒适温度。

图 2.16　公主邮轮套房饱览窗外美景

第四节　现代邮轮的设计流程

邮轮的设计建造流程分为三个阶段：设计阶段、制作阶段和施工阶段，从策划到建造完成一般为4年。设计阶段在邮轮整个建造的第2.5年内完成，参考图2.17浅灰色部分。

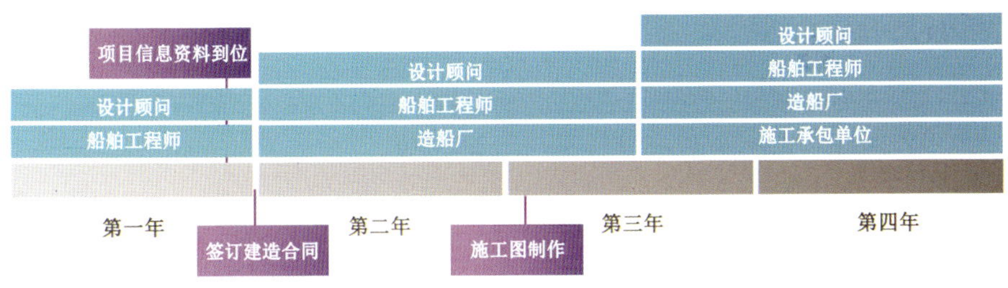

图2.17　邮轮设计建造时间

设计阶段第1年由设计顾问和船舶建造工程师根据船东的要求对整个项目进行评估和设计，包括：船体尺度和燃料确认、案例研究、船舶建筑钢架构图、外观设计（外观整体设计、外观细节设计、外观视觉设计）、室内建筑设计总体规划、室内数据分析概括、室内总体战略规划、规划图深化细化、各个区域效果图、品牌策略方向、材料展示等。基本项目信息资料到位后，与甲方签订建造合同，进行任务书发布、任务分配和概念策划。

设计阶段第2.0~2.5年，由设计顾问、船舶建筑师、造船厂三方一起推进设计，包括：船舶建筑进度安排与施工协调、船舶建筑工程概念设计、船舶建筑基础设计、船舶建筑结构分析、船舶建筑细节设计、室内设计阶段图纸继续深化、室内细节设计、室内节点设计、船舶建筑工厂验收测试、招投标分包、承包单位阅图放样、承包单位技术图纸、设计审核，开始进入建造阶段。施工阶段为2.5~4.0年，由造船厂负责建造完成（表2.5）。

表 2.5　邮轮建造分工策略和阶段进程

	职责范围	协作公司
船舶设计公司	船体与外观设计； 总体规划； 参数化； 概念设计：室内设计与外部空间设计； 设计深化与软装设计； 陈列装饰设计； 艺术品设计、物流配合； 环境标识系统设计； 数字导视系统设计； 品牌策划； 打样、项目管理； 施工现场配合、监理	船舶设计公司； 灯光设计师及供应商； 音响设计师及供应商； 家具供应商； 运营顾问； 画廊顾问； 植物供应商； 艺术家； 物流公司； 软件工程师
船舶建筑工程公司	概念设计； 船体尺度级别设计与深化； 图纸制作； 技术指标深化与评估； 设备规范； 三维模型设计； 施工图纸制作； 材料说明； 施工说明和试用； 施工战略深化； 招标评估； 合同谈判； 采购、质控与施工现场配合	船级认证机构； 船舶规范机构； 安全顾问； 供应商； 分包单位
承包建造单位	室内设计和安装； 供应连锁管理； 定制与建筑细木工； 制造创新； 家具、金属作品、绘画； 技术安装； 分包管理； 物流管理	邮轮公司； 轮渡公司； 技术安装公司； 船舶管理公司； 造船厂

确定主尺度和船型是邮轮总体设计中最基本、最重要的工作之一。邮轮为游客提供舒适的船上服务是其最主要目标，游客及游客服务相关的空间需求也成为影响邮轮主尺度的最直接因素。尽管邮轮多数时间航行于海上，但港口、桥梁、航线情况等限制仍需要进行分析，很多新建邮轮为适应更多的港口泊位水深，提高地区间调配能力，都在吃水等尺度方面进行了限制。相关法律法规也会直接或间接地影响到邮轮主尺度的确定，需要进行具体的分析研究。

船舶建筑钢架构图也就是我们说的钢框架平面图，这个阶段会在母船型的基础上，也就是图 2.18 CAD 平面图基础上，进行数据分析，确定航线、邮轮尺度、人员配比、房间数量、功能区域后在钢结构平面图的基础上进行功能区划分。这个阶段需要我们基于目标用户行为进行调研分析，以邮轮消费市场特征与规律作为研究基础，对邮轮船东、消费者等目标客群进行偏向性分析，了解邮轮功能需求定位，同时结合用户的艺术审美的结构化分析，综合考虑造型特征、装饰特点、邮轮吨位、整体定员等条件，为邮轮初期设计提供依据。

图 2.18　邮轮设计总体规划

邮轮经过长期的发展，功能划分原则已趋于成熟，但随着消费观念变化，新技术和智能化的发展，绿色环保、安全规则等因素的影响，这些原则也一直在进行调整和适宜。科技发展为功能空间划分提供了物质基础，消费观念的转变成为功能规划变化发展的直接诱因，高端客户愿意付出高昂的价格换取一段安静奢华的消费体验，不少邮轮中出现独立设置的定制VIP套房区域。由此可见，邮轮的功能划分要紧随时代的潮流，求新、求变，保证合理运营。

邮轮外观设计是邮轮美学研究的重要组成部分，也是与邮轮总体设计关系最为紧密的美学设计工作之一。邮轮外观设计要受到邮轮总体设计、性能优化、功能设施以及建造工艺和材料使用等多方面的约束，是建立在邮轮总体设计基础上的再创作。此阶段主要研究邮轮外观造型的整体及局部特征和装饰效果，通过CAD、AI和RHINO、V-RAY等软件配合设计，得出邮轮具体外观设计效果和三维模型（图2.19）。

图 2.19 “爱达·魔都”号外观效果图

邮轮的涂装设计要考虑涂装功能性，如色彩、文字、图案等与造型结构的匹配关系、与航行环境的协调关系等。“爱达·魔都”号秉持“爱游无界”的品牌理念，呼吁好奇体验家们与所爱之人共创灵感迸发的探索之旅。“爱达·魔都”号船体涂装从敦煌壁画艺术中采撷灵感，以“丝绸之路”为主题（图2.20），创新演绎东方文化韵味。海上丝绸之路被“爱达·魔都”

号赋予了新的时代内涵，于多维沉浸式体验中交织经典韵律，创造跨越时空的文明交汇，建设“东方邮轮之都”的海上城市名片。

图 2.20 “爱达·魔都”号涂装效果图

邮轮的内装设计是整个邮轮设计比重最大的部分，也是体现一艘邮轮主题风格、豪华程度的最重要部分。邮轮空间区域划分与舱室布置设计（图 2.21）是总布置设计中极为重要的工作，不仅要满足邮轮室内空间的舒适性、实用性和安全性，同时要兼顾室内空间的艺术感和特色要求（图 2.22~2.23）。邮轮各个空间具有不同的性质、不同的适用人群，空间需求大小也有极大差异，研究其布局原则对总布置设计至关重要。

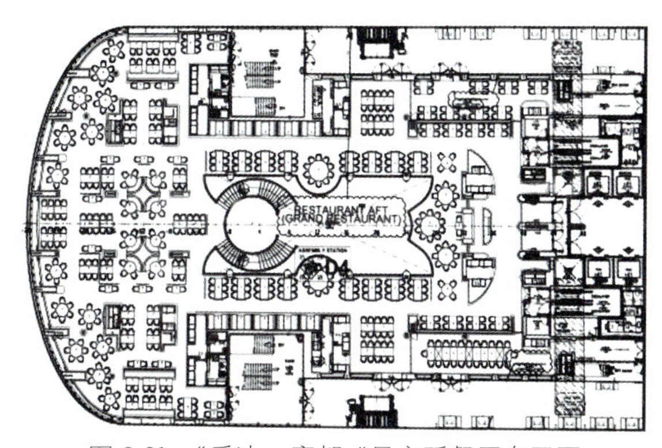

图 2.21 “爱达·魔都“号宫廷餐厅布置图

图 2.22 “爱达·魔都“号宫廷餐厅效果图

图 2.23 “爱达·魔都“号宫廷餐厅实景

“爱达·魔都”号内装设计兼具世界视野的同时传达了中国传统文化的精髓，将西方的古典主义用现代手段来演绎，并恰如其分地穿插东方特色装饰。最引人注目的就是爱达广场二层休息区的四幅主题壁画，融入中国传统陶瓷、丝绸、船舶、中外建筑等艺术元素，通过“丝绸之路”主题将中西文化链接到一起，体现海纳百川、兼收并蓄的装饰特色（图 2.24）。除此之外，棋牌室内中式纸灯造型的灯具设计（图 2.25）；粤菜馆室内的莲花造型的吊灯（图 2.26）；寿司餐厅里吧台及地毯的竹元素（图 2.27），无不体现中华文化之美。

图 2.24 “爱达·魔都”号丝绸之路主题壁画

图 2.25 “爱达·魔都”号棋牌室

图 2.26 “爱达·魔都”号粤菜馆

图 2.27 “爱达·魔都”号寿司餐厅

邮轮就如同一座海上大型建筑，有着与陆地建筑完全不一样的设计方法和过程。邮轮作为典型的高附加值船型，设计过程的计算量大、耗时长且难度高，需要船东、船厂和设计公司多方共同付出 3~4 年的时间才能建造完成，因此项目对设计、工程、管理有很高的要求。对于这种复杂的跨学科融合的领域，通过对邮轮和邮轮设计流程的分析，可以更好地为邮轮艺术和美学设计服务。

第三章　邮轮设计的发展史

由于历史的原因，西方人对海洋有着极大的兴趣，人们对邮轮旅行有着发自内心的热爱，他们在邮轮上庆祝生日、跳舞、纪念结婚，邮轮成了很多西方人心中玩乐的首选。因此，邮轮在西方不仅是航海工具，也是社交文化和地域文化的表现，这和国内现在的邮轮文化有所差异。研究邮轮发展历史，可以了解邮轮功能布局的演变历史以及文化理念的变化，对现代邮轮设计有所启发。邮轮的发展可以分为越洋客货时期、邮轮雏形时期、邮轮成熟时期，每个时期分别有不同的特色（表 3.1）。

表 3.1　国外邮轮的发展历程和船型变化

时期	时间	船型	设计特点	标志事件	游客特征
越洋客货时期	1837—1914 年	商船	蒸汽动力	首艘蒸汽动力船，航行大西洋	探险、寻找新的生存地
邮轮雏形时期	19 世纪中后期	客船	航行速度快，钢制船体，蒸汽动力	“大不列颠”号、“大东风”号等客轮入市	探险、旅行、寻找新的生存地
	20 世纪初	客轮远洋	船体大型、设施豪华、蒸汽涡轮发动机	“毛里塔尼亚”号、“泰坦尼克”号问世	移民
	20 世纪中期	跨洋客轮	更大、更快、更豪华、更美观	“帝国”号、“伊丽莎白王后”号、“诺曼底”号、“卡洛尼亚”号邮轮诞生	中产阶级乘船旅行、美国禁酒期间的公海饮酒、二战时军队运输
邮轮成熟时期	20 世纪 60 年代至 21 世纪初	旅游邮轮	更现代化	“海洋”号邮轮、诺唯真邮轮销售邮轮假期	休闲度假、猎奇

第一节　古典邮轮设计变革

一、越洋客货时期（1837—1914 年）

历史上第一艘横渡大西洋的客船，是英美轮船公司的“天狼星”号（SS Sirius）。“天狼星”号到达纽约引起市民的欢呼和轰动，然而更为轰动的是几小时后“大西方”号（SS Great Western）的到达。该船由“大西方轮船蒸汽公司”建造运营，可以算是最早的大型客邮轮，于 1838 年 4 月 8 日从布里斯托尔出发，4 月 23 日完成了它的跨洋处女航，到达纽约，耗时 13.6 天。随着商业领域越洋航行的大放异彩，一艘艘大气磅礴的蒸汽船邮轮由此陆续建造起来。

1. 现代邮轮空间结构的始祖——“大不列颠”号

“大西方”号的成功使得建造更大、更快的蒸汽邮轮的呼声越来越高。英国船舶设计师布鲁内尔（Isambard Kingdom Brunel）通过学习“阿基米德”号（SS Archimedes）螺旋桨驱动技术，并采用平衡舵控制船的方向，创造了现代海洋邮轮的始祖“大不列颠”号（SS Great Britain），这是第一艘穿越大西洋的拥有铁皮外观、螺旋桨驱动的蒸汽船（图 3.1），也是当时世界上最大的浮动船只。

图 3.1 “大不列颠”号外观

“大不列颠”号于1843年下水，全长98米，宽15米，3 400总吨，拥有64个特等舱，可容纳360位游客和120位船员，船舱装饰精美华丽，在机舱后部和中部设置了女士客舱。“大不列颠”号的主餐厅（图3.2）长30米，宽9米，可以同时容纳360人就餐。金色的柱子、镀金的拱门雕刻精美，墙壁被刷成柠檬黄，点缀红色丝绒椅子，营造高雅奢华氛围。

图3.2　“大不列颠”号主餐厅和商店

“大不列颠”号整船采用铁结构（图3.3），2个纵向舱壁将船舶主甲板以下的部分分开，5个水密舱壁将船体分成6个区域。船内部分成三层，上层为客舱，下层为货舱，主机和锅炉布置在船中宽敞的区域，两侧区域用作煤舱，这种网格形式的船体结构，极大影响了当今船舶设计，是现代邮轮结构设计的始祖。

图3.3　“大不列颠”号网格形式船体结构

“大不列颠”号在航行了100多万英里（1英里=1 609.344米），铁质船身经受了近百年时间的考验后，于1937年退役。几经维修，“大不列颠”号被改建为博物馆在布里斯托干船坞展览，从此开始它全新的使命。

2. 工业奇迹——“大东方”号

1858年，工业奇迹“大东方”号（SS Great Eastern）下水，成为史无前例的巨轮，甚至达到“大不列颠”号的5倍规模。“大东方”号全长208米，重18 915吨（图3.4），运载游客能力不少于4 000人，这个惊人的数据直到20世纪都没有被任何一艘船舶超越。

图3.4 “大东方”号外观设计

“大东方”号的主甲板采取和“大不列颠”号相似的结构，形成极其结实的船壳，此外水密舱室将船舶分成10个长度为8米的单元，有两个纵舱壁，间距11米，两个机舱、锅炉舱处的舱壁向上延伸到水线高度。双壳自身由厚度为19毫米，长度为0.86米的锻造钢板构成，每隔1.8米固定在一个横肋上。除了规模以外，“大东方”号也是一艘超豪华的巨轮，有着“水上水晶宫”之称（图3.5）。

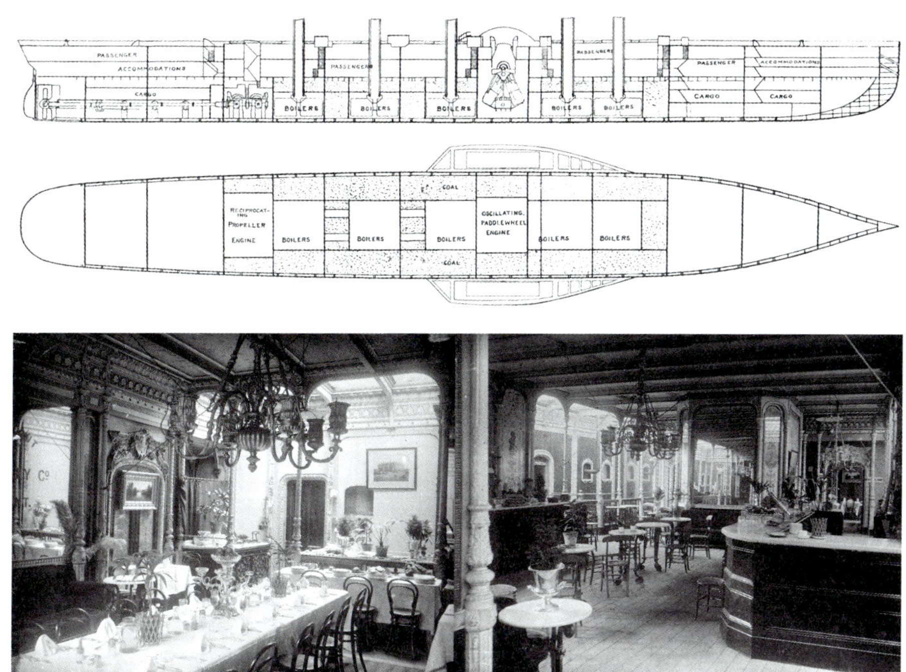

图 3.5 “大东方”号空间结构和室内

3. 内装设计新时代——“大洋”号

“大洋”号（RMS Oceanic）邮轮是白星航运的第一艘邮轮，也是邮轮设计的一个转折点。“大洋”号由贝尔法斯特船厂与白星航运公司合作生产，于 1870 年 8 月下水。它长 128.12 米，宽 12.45 米，重 3 707 吨，“大洋”号有单个巨大的烟囱，涂有白星航运公司企业色——浅黄色。凸起的前甲板和尾舱甲板，形成白星船只典型的简洁线条（图 3.6）。船体由铁建造，分为 11 个水密舱。共两层甲板，船上可以容纳 166 名头等舱游客、1 000 名统舱游客和 143 名船员。

图 3.6 “大洋”号外观

“大洋”号可谓不惜一切代价的“皇家游船”。建筑设计师威廉姆·詹姆斯·皮尔里借鉴了岸上酒店的设计原则，设计了带有装饰配件的宽敞居住区域（图 3.7）。还将一等舱搬到了船舱中部，以减少波浪的摇摆以及机器的噪声。豪华头等餐厅位于船中部，室内配置了浴缸和专门的卫生间，舷窗也比同时代的邮轮大得多，提供自来水和召唤管家的电铃。

图 3.7 “大洋”号休息厅室内

4. 内装设计革新——“坎帕尼亚”号、“卢卡尼亚”号

丘纳德公司的“坎帕尼亚”号（RMS Campania）（图 3.8）和“卢卡尼亚”号（RMS Lucania）全长 189 米，宽 19.9 米，重 12 950 吨，每艘船可以容纳 2 000 名游客，包括头等舱 600 人、二等舱 400 人和三等舱 1 000 人。

图 3.8 “坎帕尼亚”号外观

这两艘船拥有当时最豪华的头等舱，其内部装饰代表维多利亚时期的巅峰。装饰主要体现新艺术风格（Art Nouveau）。头等舱全部位于机舱前，最好的特等舱位于长廊和上层甲板，普通的特等舱位于上层和主层，少数位于下层（图 3.9）；二等舱位于发动机后方的同一甲板上，宽阔的船尾可供人行走；而三等舱则位于下层甲板。很多室内设计的第一次都体现在这两艘船内，如：舱室中设立独立淋浴设备，特制的单人卧铺舱室。

图 3.9 “坎帕尼亚”号头等舱

“坎帕尼亚”号公共空间装饰极其华丽，有各式设计风格。头等舱餐厅位于主甲板上，总长约 30 米，宽 19 米，餐厅为意大利设计风格。中央通过三层甲板上升到采光天窗，大大增强了室内采光效果，天井四周镶嵌白金格子和象牙，墙壁采用古老的西班牙桃花心木，整体设计简洁实用。图书馆位于长廊甲板上，总长约 9 米，宽 7 米，为法国文艺复兴时期的设计风格。屋顶两种象牙色，在每个交替面板的图案中心有铜制玫瑰花结灯具，墙面安波那木面板上布满雕刻图样，地板铺着橡木镶木地板，中央铺着一块色彩丰富的土耳其大地毯，座椅采用麦加蓝色天鹅绒软垫（图 3.10），尽显雍容华贵。

图 3.10 “坎帕尼亚”号餐厅、休息室和图书馆

5. 梅维斯风格——“亚美利家”号

汉堡美国航线公司建造了“亚美利家”号（Amerika），长 213 米，宽 23 米，重 22 500 吨，于 1905 年 10 月进入纽约服役。它的室内设计由法国建筑师查尔斯 · 弗雷德里克 · 梅维斯（Charles Frederick Mewes）负责，整

个室内有了很多创意性的设计，冬季花园、电药沐浴、丽兹卡尔顿餐厅、电梯等。后来梅维斯成为汉堡美国航线公司常驻室内设计师，多年来对跨大西洋客轮的设计产生了显著影响。

6. 英伦风居家设计——“卢西塔尼亚”号、“毛里塔尼亚”号

1906 年的“卢西塔尼亚”号（Lusitania）（图 3.11）和“毛里塔尼亚”号（Mauretania），它们的内部环境由设计师自由发挥，虽然是姊妹船，但内部空间差别极大。

图 3.11 “卢西塔尼亚”号外观

“卢西塔尼亚”号由苏格兰建筑师詹姆斯·米勒（James Miller）设计，他选择将亮色木材镶嵌在镀金、轻质的玻璃拱形结构中，一等舱旅客的餐厅是典型的路易十六风格，二等舱餐厅装饰也类似。“毛里塔尼亚”号由哈罗德·皮托（Harold A. Peto）设计，大量深色木材和镶嵌木料的使用彰显绅士俱乐部风格。这艘船用了 28 种木料，尤其在一等舱，木材使用相当丰富，有路易十六风格休息室的红木、意大利文艺复兴风格吸烟室的胡桃木、宏伟的三层甲板高餐厅的风化奥地利橡木。在救生艇甲板布置了阳台式咖啡吧，电梯布置在紧邻主梯道的位置，让游客有了家的感觉（图 3.12）。

图 3.12 “卢西塔尼亚”号室内

7. 极尽华丽——“泰坦尼克”号

白星线公司建造了超级邮轮“奥林匹克”号、“泰坦尼克”号和“大不列颠”号。“奥林匹克”号设计师为托马斯·安德鲁斯，整个邮轮拥有那个时代最豪华的配置，世界上第一个“海上”室内游泳池、壁球场和 11 个装饰风格各异的特等客舱。

“泰坦尼克”号（RMS Titanic）（图 3.13）是当时的世界第一大船，豪华的镀金栏杆、橡木镶嵌面板、绮丽的圆屋顶，极其华丽复古（图 3.14）。船上最奢华之处是位于第一和第二烟囱之间的头等舱（图 3.14），舱室内配有橡木镶嵌以及镀金栏杆的大楼梯，墙上镶嵌盏钟，钟两侧雕刻着象征高贵和荣誉的寓言人物，顶部是由铸铁支架支撑的玻璃圆顶，可以让阳光洒满舱内。头等舱的公共休息室由精致的木质镶板装饰，搭配高级家具以及各种高级装饰，清新的配色、精致的雕刻让下午茶更加香浓雅致。

图 3.13　“泰坦尼克”号外观

图 3.14　“泰坦尼克”号室内

8. 法式奢华——“法兰西”号

19 世纪末，英德相继推出四烟囱邮轮，很快获得各阶层推崇。四烟囱成为快速、安全和奢华的代名词。“法兰西”号（SS France）（图 3.15）于 1912 年首航，全长 217 米，宽 23.88 米，重 24 666 吨，是法国第一艘装有螺旋桨的船。其内部装饰奢华，以“大西洋城堡”而闻名。

图 3.15 “法兰西”号外观

“法兰西”号将文艺复兴时期巴洛克风格诠释出新高度。它拥有带有豪华出入楼梯的三层高餐厅，餐厅内部采用镀金内饰，形成路易十四的装修风格。这种风格在未来的一个世纪成为流行的邮轮设计理念（图 3.16）。还用最新科技点缀船上的豪华服务，船上有健身房和发廊，发廊中还有做头发的加热器，这都是当时最新奇的玩意。

图 3.16 “法兰西”号室内

9. 美丽的船——“阿奎塔尼亚”号

冠达邮轮（又称丘纳德）公司历史上最豪华的邮轮就是“阿奎塔尼亚”号（RMS Aquitania）（图 3.17），这艘邮轮拥有最多的世界之最，最长、最大、服役最长的邮轮。它长 274.6 米，宽 29.6 米，重 45 647 吨，可搭载 3 236 名游客。

图 3.17 “阿基塔尼亚”号外观

图 3.18 “阿基塔尼亚”号室内

“阿基塔尼亚”号无与伦比的室内装饰之美，赢得了“美丽之船”的称号，完美平衡的外部比例和壮观的内饰相结合，使她深受所有人的喜爱。“阿基塔尼亚”号豪华程度在丘纳德公司史无前例，其宽阔的甲板空间给了游客自由行走的空间，其中有罗马风格的浴室、洛可可风格的沙龙、路易十六风格的豪华餐厅（图 3.18）。越洋客货时期代表船型和内装特征见表 3.2。

表 3.2　越洋客货时期代表船型和内装特征

国家	船公司	代表客班轮	设计特点
英国	大西方蒸汽轮船公司	“大西方”号、“大不列颠”号、“大东方”号	超级巨轮
	白星轮船公司	“大洋”号、“泰坦尼克”号、“奥林匹克”号、“不列颠尼克”号、“大西洋”号、“波罗的海”号、“共和国”号	浮动酒店，内装奢华
	冠达邮轮公司	“布列塔尼亚”号、“坎帕尼亚”号、“卢卡尼亚”号、“毛里塔尼亚”号、“卢西塔尼亚”号、“阿奎塔尼亚”号	注重安全，更加舒适
	英曼航运公司	“罗马城”号、“波士顿城”号、“纽约之都”号、“巴黎之都”号	不断采用新技术，追求更快速度
德国	北德劳埃德公司	“威廉大帝”号、“威廉皇太子”号、“威廉大帝Ⅱ”号	四塔班轮、安全和动力的典范
	汉堡美国航线公司	“流星”号、“德意志”号、“亚美利加”号、“奥古斯特”号、“维多利亚凯瑟琳”号	室内设计理念创新
法国	法国航运公司	“法兰西”号	法式装饰风格、不计成本、宫殿式奢华

二、邮轮雏形时期（1914—1961 年）

经过一个世纪的发展，邮轮已经发展到相当大的规模。20 世纪初至中期，虽然先后发生了两次世界大战，但都没能阻止邮轮的迅速发展。随着船舶技术的不断发展，邮轮在设计运营时开始注重提高服务质量，航运公司纷纷效仿陆地上的酒店建筑，在娱乐设施、外观和内装方面作了大量精心设计。

1. 室内出现中厅——“帝国”号

“帝国”号（SS Imperator）（图 3.19）于 1912 年 5 月 21 日下水，长 276 米，宽 30 米，重 52 177 吨，整艘船的设计风格为德式装饰艺术风格，设计师梅维斯在这艘船的室内设计上作了很多变化。船中央有一个横跨 3 层甲板，宽度与船体中部等宽的头等舱餐厅，空间中看不到一根立柱支撑，上方巨大的玻璃穹顶几乎占满了整个天花板。天花镶边使用了大量的金箔，餐厅四周的巨柱极其壮观。室内头等泳池（庞贝泳池）是该邮轮的特色，两层楼高的空间，四周环绕着画廊（图 3.20）。

图 3.19　“帝国”号外观

图 3.20 “帝国号”室内装饰

2. 公共空间居中布置——“祖国”号

“祖国”号（SS Vaterland）（图 3.21）长 289 米，宽 30 米，54 282 总吨，拥有极佳的稳定性。“祖国”号有巨大的中厅、餐厅和泳池（图 3.22）。因为这艘船的锅炉管道分成两边布置，所以主要公共区域都居中布置。

图 3.21 “祖国”号外观

图 3.22 “祖国”号室内

3. 内饰超级奢华——“诺曼底”号

法国航运公司第六艘船舶被命名为“诺曼底”号（SS Normandy），代号 T-6，其在世界邮轮史上具有划时代意义。“诺曼底”号长 313.6 米，宽 35.9 米，重 79 280 吨，载客量 1 972 人。“诺曼底”号技术堪称辉煌，流线型球鼻艏，船行阻力更小，速度更快。采用大功率蒸汽轮机，但是不直接带动螺旋桨，而是带动一套发电机——电动机，然后由电动机来驱动 8 万吨的邮轮。由于电动机可以反向运转，因此解决了困扰邮轮设计师们 20 多年的一个难题。

建成后的“诺曼底”号全船配备空调，拥有史上最大的餐厅和舞厅，温水循环的室内游泳馆以及现代化的歌剧院。室内采用装饰艺术和现代简约风格，许多雕刻和壁画都来自法国诺曼底。餐厅长 97 米，宽 14 米，高 8.5 米，极其宽敞舒适，由于没有自然光可以进入，所以安装了 12 根高大的拉利克玻璃柱子。餐厅前后还有吊灯，这使它赢得了“光影之船”的称号。2.4 米高的铜质女性雕像“诺曼底”赫然耸立在餐厅一端。还有高大的沙龙兼夜总会、露天网球场、现代化音响歌剧院等功能空间（图 3.23）。

图 3.23 “诺曼底”号室内

4. 现代邮轮的经典——“玛丽王后”号

“玛丽王后”号（RMS Queen Mary）在 1936 年 5 月 27 日开始处女航。该船长 310.7 米，宽 36 米，重 81 237 吨，客舱分为头等舱、旅行舱和三等舱，载人 2 139 人。“玛丽皇后”号代表了美丽、活力和力量，是名副其实的豪华邮轮，成为欧美贵族富商、社会名流趋之若鹜的目标。

“玛丽王后”号拥有 12 层甲板，可载客 2 139 人。室内为装饰派艺术风格，但相对比较保守（图 3.24）。它的室内大量采用大英帝国不同地区的木料，几乎所有的公共空间和舱室都营造出森林的氛围而被称为“森林之船”。与以往不同的是，三等舱游客可以使用所有的公共设施。

图 3.24 “玛丽王后”号室内

5. 厚重历史感的古典邮轮——“伊丽莎白女王 2”号

1968 年，“伊丽莎白女王 2”号（Queen Elizabeth Ⅱ）（图 3.25）首航，它长 293.53 米，宽 32.09 米，高 54 米，重 70 327 吨，是目前仍在运营的最古老的豪华邮轮。“伊丽莎白女王 2 号”有着悠久的历史，首航时它接待了英国查尔斯王储，后多次承载英国、日本等国的国王或王室成员周游世界，在航海时期还担当过运输士兵的临时运输船的角色。

“伊丽莎白女王 2”号全封闭的室内由空调系统供风（图 3.26），通风管、管路等都隐藏起来，所有主要管系都从中部靠前的一个点集中穿出，通风口和前桅结合。室内有一个圆形进厅，能容纳 500 人的哥伦比亚餐厅、100 人的烧烤餐厅、815 人的布列塔尼亚餐厅以及位于后甲板的酒吧。游泳池带有 3 个巨大的按摩浴缸，包括土耳其浴室、桑拿房和恒温健身房，还有的士高舞厅、双层复式包间、哈罗德百货公司，可以为游客们服务。

图 3.25 "伊丽莎白女王 2"号外观

图 3.26 "伊丽莎白女王 2"号室内

"伊丽莎白女王 2"号的装饰风格主要为全英式，拥有着当时经典的时代记忆。它保留了英式的严谨和优雅，互不相通的餐厅使得游客可以在各自的区域内享受服务，华丽经典的内部装饰展现了优雅的英伦格调，高级油画作品、天鹅绒椅套和红木窗格增添了浓厚的艺术气息。邮轮雏形时期代表船型和内装特征见表 3.3。

表 3.3　邮轮雏形时期代表船型和内装特征

国家	船公司	代表客邮轮	特征
英国	冠达白星邮轮公司	“玛丽皇后”号、“玛丽皇后 2”号、“伊丽莎白女王”号、“伊丽莎白女王 2”号、“维多利亚女王”号	维多利亚风格
德国	汉堡–美国航线公司	“帝国”号、“祖国”号、“俾斯麦”号	超级巨无霸邮轮
法国	法国航运公司	“诺曼底”号、“巴黎”号、“法兰西岛”号	法式装饰风格、宫殿式奢华
意大利	意大利邮船公司	“孔·特蒂·萨弗亚”号、“国王”号	意大利风格
美国	合众国海运公司	“合众国”号	快速、安全；便于改装为运兵船

第二节　现代超级邮轮设计变革

一、邮轮成熟时期（1960 年—20 世纪 90 年代）

20 世纪 60 年代，随着大型客机进入跨洋客运行列，并逐渐发展成为主流交通运输工具，跨洋班轮被迫停航，邮轮公司的经营纷纷陷入窘境，甚至濒临破产。为增加竞争力，邮轮公司开始兴起邮轮假期的概念，洲际间航线的国际客船转变为大型观光船，往返于世界闻名的旅游胜地。邮轮公司投资建造邮轮，奢华邮轮除了设有餐厅、酒吧、咖啡厅、游艺室、电影院外，还设有舞厅、游泳池和健身馆等休闲设施，开启邮轮产业以各式奢华游乐设施竞争的时代。

1966 年，一艘小型邮轮“逐日”号（图 3.27）开始在英国南安普敦—西班牙比戈—葡萄牙里斯本—直布罗陀航行，商业化客船巡游开始萌芽。后来“逐日”号转到加勒比航线，由嘉年华公司运营。其“楔形船”的设计概念，非常有特色。较高的上层，缩短了船首，主机和烟囱不再像传统远洋客轮那样放置在船中，而是被安排在船尾（中线后方）。室内空间尽量能提供多的餐厅空间和娱乐场所，这为 21 世纪的邮轮设计指明了方向。

图 3.27 “逐日”号邮轮——现代邮轮的开端

1970 年开始运营的“挪威之歌”号（Song of Norway）是皇家加勒比历史上的第一艘邮轮，同时也是首艘专为温暖水域航线打造的邮轮（图 3.28）。始于南佛罗里达和加勒比的航线使得游客们有更多在温暖气候下航行的时间。这艘船采用飞剪式船首、流线型的上层建筑以及曲线型的船尾，在信号桅杆和烟囱之间布置有游泳池，奠定了今后皇家加勒比公司邮轮的基本外观。“挪威之歌”号的设计在许多方面都是独一无二的，例如在烟囱部位建造维京皇冠酒廊，其创意来自西雅图的“太空针塔”。在以后皇家加勒比新船的设计建造中，维京皇冠酒廊被拓展成 360° 无敌海景，这一传统一直被保持下来。此外，“挪威之歌”号上还有开放式的公共泳池和休憩区，此后这些均成了邮轮标配。20 世纪 70 年代，“挪威之歌”号是全美最负盛名的邮轮，为邮轮度假业翻开了第一页。

图 3.28 皇家加勒比"挪威之歌"号

二、超级巨轮时期（20 世纪 90 年代以后）

20 世纪 90 年代是邮轮发展的鼎盛时期，邮轮公司如雨后春笋般地出现，各家争相订造"史上最大超级邮轮"，且几乎每一年都有新邮轮破最高吨位纪录。邮轮建造大型化趋势致使邮轮船队平均吨位不断增长，80 年代初为 1.5 万总吨，90 年代中为 2.2 万总吨，2002 年已经增长到 3.7 万总吨。特别是 1995—2002 年，世界邮轮船队单船平均吨位年均增长率达到 7.7%。在欧美以及亚洲发达地区，短天数、低价位的邮轮旅行成为人们的新宠，邮轮也成为人人可以消费的大众旅游产品。

1996 年，第一艘 10 万总吨级的大型豪华邮轮问世，即由嘉年华公司订造的"嘉年华命运"号（Carnival Destiny），该邮轮由意大利芬坎蒂尼公司建造。1999 年 11 月，邮轮发展史上又一具有里程碑性质的大型邮轮建成交付，皇家加勒比公司的 13.8 万总吨、载客 3 114 名的"海洋航行者"号（Voyager of the Seas）邮轮投入运营，其由芬兰马萨船厂建造。2004 年初，当时"玛丽女王 2"号（Queen Mary 2）建成，该邮轮为 15 万总吨，载客 2 600 名，航速可达 30 节，取代"海上航行者"号成为世界上最大的豪华邮轮。

邮轮市场快速发展的同时，几个大的邮轮集团在兼顾本土发展外，开始向世界范围扩张，逐渐形成三大邮轮公司（图 3.29）：嘉年华邮轮（Carnival Cruises）、皇家加勒比游轮（Royal Caribbean Cruises）和以亚太地区为根据地兼主力市场的丽星邮轮（Star Cruses）。由于受新冠疫情的影响，丽星邮轮全球邮轮业务被迫暂停，云顶香港的财务状况迅速恶化，2022 年初申请破产清算。

图 3.29　全球三大邮轮公司品牌（2022 年以前）

1. 嘉年华邮轮

嘉年华邮轮（Carnival Cruise Lines）由商业大亨泰德·阿里森（Ted Arison）于 1972 年创立，其目标是致力于为每个人提供负担得起且有趣的“快乐邮轮”，让游客们在配备高科技娱乐设施和特色邮轮上尽情享受日光浴、休闲和娱乐，度过美好时光。

嘉年华邮轮最早主船体的涂装为白色背景，辅以红色线条作为装饰图案，整体简洁明朗（图 3.30）。2022 年更换了新涂装样式，涂装的色彩种类面积都有了很大的变化，大面积海军蓝色从主船体船首延伸至船体下半部，结合充满活力的红白色装饰条，活力而动感（图 3.31）。

图 3.30　嘉年华“光辉”号涂装

图 3.31　嘉年华“狂欢节”号涂装

嘉年华邮轮的室内色彩明亮，装饰大胆，体现出色彩斑斓、主题各样的节日气氛。嘉年华邮轮让游客在不断地发现中产生兴奋有趣的体验感，每一艘邮轮主题都不相同，室内设计经常向过去的艺术品和设计风格致敬。例如，在嘉年华“菁华”号（Carnival Pride）中，文艺复兴时期的杰作在邮轮的中庭被放大到了巨大的比例，而装饰艺术风格的餐厅致敬远洋班轮“诺曼底”号（图 3.32）。

图 3.32　嘉年华“菁华”号诺曼底餐厅

2. 皇家加勒比国际游轮

皇家加勒比国际游轮（Royal Caribbean International）于 1969 年成立于挪威，在 1997 年被皇家加勒比游轮有限公司收购为旗下的子公司，总部在美国佛罗里达迈阿密。1970 年，第一艘皇家邮轮——“挪威之歌”号驶出母港，标志着皇家加勒比国际邮轮海上航行的开始。怀揣着“改变世界邮轮旅行的方式”的目标，经过近 50 年的发展，皇家加勒比邮轮已成为一个全球性邮轮品牌。

皇家加勒比是一家具有突破精神的邮轮公司，游客们在邮轮上可以体验各种刺激的娱乐体验。皇家加勒比是第一家引入攀岩墙、波浪机和船上溜冰场等设施的邮轮公司，它充分利用了邮轮上从未想象过的这些功能，并将品牌定位为“冒险者”。同时，在邮轮尺寸和设施范围方面，皇家加勒比是“越大越好”的倡导者。皇家加勒比在 2009 年推出 Oasis 级船舶“海洋绿洲”号（Oasis of the Seas）邮轮（图 3.33）。Quantum Class 于 2014 年推出，再次将技术推向新的高度。

图 3.33 皇家加勒比“海洋绿洲”号

皇家加勒比主船体最早主色调是大面积白色，仅在船首尾位置印有徽标和文字（图 3.34）。2014 年，推出了带有浅蓝色涂装的船体（图 3.35）。2020 年更新了涂装，在新的“海洋奥德赛”号（Odyssey of the Seas）的船体上添加了一个更大、更靠近水线的船名（图 3.36）。其室内设计部分皇家加勒比更注重优雅和风格，装修风格更像是纽约的一家豪华酒店。

图 3.34　皇家加勒比“海洋量子”号涂装

图 3.35　皇家加勒比“海洋魅力”号涂装

图 3.36　皇家加勒比”海洋奥德赛”号涂装

皇家加勒比有 6 种不同级的邮轮，分别为绿洲级（Oasis Class）、量子级（Quantum Class）、自由级（Freedom Class）、航行者级（Voyager Class）、梦幻级（Vision Class）、灿烂级（Radiance Class），每一种都有自己的布局、设施、行程选择和氛围。

绿洲级邮轮可容纳超过 6 000 名游客，是最新的皇家加勒比邮轮之一，因此它们配备了最新最好的设施。量子级和自由级邮轮比绿洲级相对小，可以容纳 4 000~5 000 名游客。创新的量子级邮轮融合了高科技和久经考验的家庭度假体验，这些时尚的新邮轮提供令人难以置信的景观和船上活动（图 3.37）。对于想要乘坐大型邮轮进行巡游、有很多活动但又不超出预算的家庭来说，自由级船舶代表着超值的价值。航行者级船舶是自由级的稍小版本，它通过功能和活动彻底改变了行业，迷你高尔夫、皇家长廊、滑冰等都从航海者级开始。

图 3.37 皇家加勒比邮轮设施

最后两类邮轮是“较小”级别的邮轮，它们的游客不足 3 000 人。较小的船只并不意味着无聊的体验，梦幻级和灿烂级邮轮能够进入较小的停靠港，且拥有多样化的用餐体验以及精彩的现场娱乐表演。小型邮轮不同之处在于没有像大船那么多的功能选择，所以种类会更少。灿烂级邮轮几乎可以进入任何港口，这意味着客人可以前往世界各地的异国港口，体会邮轮旅游的自由体验感。

3. 丽星邮轮

丽星邮轮公司（Star cruises）是亚太邮轮业的先驱，于1993年开始运营区内航线，以推动亚太地区成为国际邮轮旅游目的地为理念。在短短13年间，丽星邮轮公司已成为世界上第三大联盟邮轮公司，航线遍及亚太区、南北美洲、加勒比海、阿拉斯加、欧洲、地中海、百慕大及南极。丽星邮轮以崭新的概念，带动了拥有多元化及丰富的旅游胜景之东南亚一带的邮轮观光事业。

不同于其他邮轮公司致力于将不同的文化体验带给亚洲客人，丽星从一开始就是为亚洲客人而设计的。丽星邮轮亦提供了完善的海陆空旅程，带着世界各地的旅客到马来西亚、新加坡、泰国、中国香港和中国台湾旅游。以崭新的概念刺激了亚太地区的邮轮旅游市场，更带动了东南亚一带的观光事业。

丽星邮轮每一艘星座主题邮轮的船身上都有对应的星座彩绘图案，用星座比喻邮轮，把海洋与浩瀚星空进行联结，进行涂装创意。“宝瓶星”号（Superstar Aquarius）在最醒目的船首一侧位置描绘了少女高举宝瓶的图案，宝瓶中飞出星星，少女身前为水波纹环饰，水波纹图案随着船体向后延展至船体中部，绘以彩色圆形图案。船体中后部出现“Aquarius”和“宝瓶星”号邮轮中英文名称，图案简明，富有装饰效果。

丽星邮轮将首创的“自由闲逸式”邮轮概念进一步升级为“全新自由·由你做主”，旅客可以随意享用邮轮上14间餐厅及酒吧，品尝中、西、东南亚等国际美食；享受多元化的休闲娱乐设施、专业按摩美容护理服务、国际级大型表演节目等，拥有一个专属的最适合自己的邮轮假期。针对不同年龄段的旅客，“双子星”号（Superstar Gemini）设计了专属欢乐主题节目。“小小航海家”为小朋友们组织包括比萨小厨师、明星主持人、睡衣派对等在内的童趣活动；在“丽星百老汇”，银发族们将可体验慢生活，在花艺课堂度过午后悠闲时光、在象棋大赛中益智醒脑、在舞蹈课堂上活动筋骨、在丽星好声音一展歌喉。

各品牌邮轮形象特征和设计特点见表3.4。

表 3.4　各品牌邮轮形象特征和设计特点

国家	船公司以及成立时间	形象特征	设计特点
中国	爱达邮轮（2022）	中、大型邮轮； 秉持“爱游无界”的品牌理念； 融汇中国文化及世界精粹	现代设计风格； 融汇多元世界及中国文化精粹，自东方美学撷取灵感和巧思，进行现代化的全新演绎，多维度打造独具特色的邮轮创新体验
意大利	歌诗达邮轮（1959）	中、大型邮轮； 南欧设计风格（意大利风格）； 顶部醒目的巨大黄色烟囱 意大利风格 + 高科技结合	意大利传统风格与现代风格； 开放与封闭的形象混合高科技，后现代风格的协调（大量运用数字化表现技术）
英国	公主邮轮公司（1965）	中、大型邮轮； 现代英伦风格； 最早出现阳台客房	英伦风格； 中性和沉静的色调、柔和的调和手法； 星空下的剧院； 大量使用绘画装饰
挪威	诺唯真邮轮（1966）	大型邮轮； 自由式巡航； 花园别墅	现代设计风格； 拥有十分前卫的娱乐； 标准客舱是所有邮轮公司里最小的
美国	皇家加勒比游轮公司（1968）	超大型邮轮； 丰满的尾部； 设计有趣的侧面（巨大的体积带来经济性）	斯堪的纳维亚现代风格； 室内布置雕塑和画作； 整体开放的形象、内部客房的封闭性； 设置大型商场式街道
美国	嘉年华邮轮公司（1972）	大型邮轮； 炫目和好玩“Fun Ship”； 鲸鱼的尾巴烟囱	现代设计风格； 富有想象力夸张装饰风格； 超过 12 种主题风格舱室，装饰营造气氛

表 3.4 （续表）

国家	船公司以及成立时间	形象特征	设计特点
意大利	MSC 邮轮（1987）	中、大型邮轮； 正宗意大利风格	意大利风格； MSC 游艇俱乐部是 VIP 的专属尊贵体验（贵宾套房、礼宾接待、24 小时的私人管家）
美国	迪士尼邮轮（1998）	大型邮轮； 烟囱红黑，描绘有米老鼠图案； 船体复古设计，黑色配有纹样	美式百老汇风格； 为儿童设计（迪士尼主题公园场景融入邮轮）； 封闭的舱室空间

表格来源：笔者总结

第三节　本土邮轮企业起步发展

我国邮轮产业开始于 1976 年，那时接待了第一艘日本邮轮“珊瑚公主”号。自此以后，到访的国际邮轮越来越多。中国邮轮产业虽然起步较晚，但是发展迅猛，在实现豪华邮轮本土建造的同时也逐步实现了技术和供应链的自主化。随着国产豪华邮轮“爱达·魔都”号的启航，中国的邮轮产业将在全球邮轮市场中占据更重要的地位。

一、政策环境

对中国邮轮产业发展，党中央和国务院领导多次予以批示，工信部、发展改革委等有关部委出台了一系列政策予以引导和支持。2014 年《关于促进旅游业改革发展的若干意见》提出“积极支持邮轮旅游装备制造国产化”；2015 年《关于进一步促进旅游投资和消费的若干意见》提出“鼓励有条件的国内造船企业研发制造大中型邮轮”,《中国制造 2025》亦明确要求“突破豪华邮轮设计建造技术，实现突破性发展”。

近两年，受新冠疫情影响，邮轮行业遭遇百年未有的困难，但中国政府对邮轮行业依然十分支持。国务院发布《“十四五”旅游业发展规划》中提出要发展海洋以及滨海旅游，多个层面提及邮轮旅游。交通运输部制定《综合运输服务“十四五”发展规划》中指出支持企业依法开辟国际邮轮航线，支持本土邮轮发展，积极支持五星红旗邮轮建设运营。工信部等五部委联合发布《关于加快邮轮游艇装备及产业发展的实施意见》，提出了四方面的重点任务，分别是提升设计建造能力、完善装备产业基础、扩大市场需求、加强合作和人才培养。这一系列的政策，都为本土邮轮发展提供了新契机。

二、我国邮轮企业

为贯彻落实党的二十大文件精神和国家战略方针，中国船企基于自身造船能力基础，正积极研究实现邮轮本土设计建造的策略和路径，推进实施豪华邮轮本土设计建造。我国当前具备邮轮建造总装能力的龙头船企主要以中国船舶集团有限公司（以下简称中国船舶集团）和招商局集团有限公司（以下简称招商局集团）为主。

1. 中国船舶集团

中国船舶集团形成一个邮轮设计建造总包平台（中船邮轮），两大邮轮建造及保障基地（外高桥造船厂、广州广船国际）和一个本土邮轮配套产业园（上海中船国际邮轮产业园）的邮轮产业发展局面，其中广船国际定位为客船及中小型邮轮基地，配套园区有南沙船舶（邮轮）配套产业园，外高桥造船厂定位为大型豪华邮轮建造基地（其承建的 2+4 艘 Vista 级大型邮轮建造项目为我国目前为止邮轮吨位和造价最大的邮轮建造项目）。

2019 年 10 月，中国首艘大型邮轮正式开工建造（图 3.38）。大邮轮总吨位 13.55 万吨，基于嘉年华集团全球广泛成功使用的 Vista 级平台。2023 年 6 月 6 日，“爱达・魔都”号身系“敦煌飞天彩带”，在上海外高桥造船有限公司 2 号船坞顺利出坞（图 3.39）。这标志着该邮轮整船主体建造基本完成，转入码头开始设备调试和内装收尾阶段。后续，“爱达·魔都”号出海完成两次试航，于 2023 年年底交付，2024 年正式运营。

图 3.38　外高桥造船厂在建大型邮轮“爱达·魔都”号现场建造场景

图 3.39　首艘国产大型邮轮“爱达·魔都”号出坞前准备

2. 招商局集团

招商局集团重点布局长三角区域，邮轮建造方面以海门招商局重工

（江苏）有限公司为主体，在海门打造邮轮建造工厂、邮轮配套产业园、国际邮轮城“三大基地”，其中邮轮建造工厂“7+3”艘极地探险邮轮项目的首艘邮轮已于 2019 年 7 月试航成功。2019 年 9 月，招商重工成功交付首艘国产极地邮轮 Greg Mortimer（图 3.40），开辟了中国制造极地探险邮轮的先河。

图 3.40　首艘国产极地 Greg Mortimer 号邮轮交付

三、中资邮轮船队

除了两大龙头船企外，国内还有一些船企尝试邮轮修建造，如 2018 年 4 月天津新港船舶重工有限责任公司与 Tillberg & Reyes Group (Hongkong) Co., Ltd. 等签订协议合作设计建造 8 万吨级中国特色豪华邮轮，舟山中远海运重工有限公司积极打造国际邮轮修造基地等。据行业专家表示，国内有外高桥造船厂和招商局海门工厂两个基地，再加上其他潜力船厂，2023 年后中国每年可建造 7 艘各类邮轮。中资邮轮船队概览（2020—2022 年）见表 3.5。

表 3.5　中资邮轮船队概览 2020—2022 年

邮轮公司	船名	母公司	公司性质
爱达邮轮有限公司	“爱达·魔都”号 “地中海”号	中国船舶集团有限公司	中资
渤海邮轮有限公司	“中华泰山”号	渤海轮渡集团股份有限公司	中资
星旅远洋国际邮轮有限公司	“鼓浪屿”号	中国旅游集团 / 中国远洋海运集团	中资
招商局维京游轮有限公司	“招商伊敦”号	招商局蛇口工业区控股股份有限公司	合资
三亚国际邮轮发展有限公司	“福熙憧憬”号	中国交通建设股份有限公司	中资
上海蓝梦国际邮轮股份有限公司	“蓝梦之星”号	福建中运投资集团有限责任公司	中资
世纪和谐邮轮有限公司	“世纪和谐”号	重庆冠达控股集团有限公司	中资

爱达邮轮有限公司 (Adora Cruises Limited)，前身为中船嘉年华邮轮有限公司，是全球最大造船集团——中国船舶集团与全球最大邮轮集团——嘉年华集团于 2018 年在中国成立的合资公司。作为具备市场营销、商务运营、海事运营、酒店和产品管理、新造船管理等全运营能力的中国邮轮旗舰企业，致力于构建中国邮轮生态体系，推动中国邮轮经济的可持续发展，打造邮轮产业“中国标杆”。爱达邮轮有限公司旗下所打造的中国邮轮自主品牌——爱达邮轮（Adora Cruises），扎根中国市场，紧跟新消费市场脉搏，以文化创新为核心，引领高端邮轮文旅新体验。爱达邮轮船队还拥有被业界誉为“艺术之船”的“地中海”号邮轮，将共同服务于中国市场。

星旅远洋邮轮有限公司旗下第一艘邮轮“鼓浪屿”号于 2019 年 9 月首航，是两大央企进军国际豪华邮轮产业打造邮轮民族品牌的首艘邮轮。“鼓浪屿”号前身是“奥利安娜”号，1995 年由德国的迈尔造船厂建造，总吨位 69

153吨，在希腊进行视觉体系改造后正式更名为星旅远洋邮轮“鼓浪屿”号。

上海蓝梦国际邮轮股份有限公司（简称蓝梦邮轮）为福建中运投资集团有限责任公司旗下子公司，2020年4月，蓝梦邮轮收购二手邮轮并更名“蓝梦之星”（Blue Dream Star）（图3.41），进行全面翻新改装。

图3.41 “蓝梦之星”号

招商局维京游轮有限公司（简称招商维京游轮）由招商局集团旗下招商蛇口与维京游轮合资组建，“招商伊敦”号（图3.42）是合资公司旗下的第一艘船，悬挂五星红旗。2021年4月，“维京太阳”号邮轮在深圳海关监管下完成进境通关手续，正式入境靠泊。在完成维修、更换标志和所有权转移后，正式转入中国船籍并交付使用，成为历史上第一艘悬挂五星红旗的高端远洋邮轮，以国内目的地体验为核心打造高端国沿海游轮。

图3.42 “招商伊敦”号

三亚国际邮轮发展有限公司于2015年底创办，隶属中国交建旗下中交海洋投资控股有限公司，2020年购买了原为公主邮轮公司旗下“碧海公主”号邮轮，并更名为福熙“憧憬”号。

隶属重庆冠达控股集团有限公司全资子公司重庆冠达世纪游轮有限公司，母公司旗下拥有12艘长江豪华游轮船队，是中国内河游轮产业标杆企业和中国水上旅游资源整合运营商。2020年10月，该公司收购了嘉年华邮轮公司旗下“魅力”号邮轮，现更名为“世纪和谐”号（图3.43）。

图3.43 “世纪和谐”号

据邮轮国际协会（CRUISE LINES INTERNATIONAL ASSOCIATION，CLIA）数据，北美洲和欧洲邮轮旅游市场渗透率分别为3.2%和2%，我国邮轮旅游市场渗透率不到0.05%，邮轮旅游市场潜力巨大，未来我国极有可能跃升为全球第一大邮轮旅游市场。随着我国首艘自主研发设计的13.55万吨级大型邮轮开工建造，打破国外在该领域长期技术封锁和垄断，也表明了，我国在邮轮设计建造方面从摸索阶段逐渐有了突破。国产大型邮轮将提升邮轮业对中国经济甚至全球产业的贡献度，中国的邮轮经济结构也将进一步优化。未来，我国邮轮企业积极借鉴国外优秀邮轮公司的设计和开发理念，邮轮产业发展水平不断提高，邮轮设计与开发也越来越高水平化。

第四章　现代邮轮审美需求分析

第一节　邮轮消费市场特征

邮轮实现了从一种追求速度和载物量的交通工具到一种追求技术和服务的新旅行方式的转变，邮轮旅游成为具有享乐主义的海上度假新模式。2018 年全球邮轮市场规模达到 2 850 万人次，从地区来看，北美以强大的优势占据第一大客源市场的地位；亚洲市场也维持稳定的增长，共有 673.1 万人次选择邮轮旅游出行，稳居全球第二大客源市场；南美的发展也非常惊人，邮轮游客人次连续多年上升。

2020 年对于邮轮全行业而言都是不平凡的一年，突如其来的新冠疫情让邮轮市场陷入低迷，随着疫情形势的好转，全球邮轮业形势向好，疫情期间人们外出旅游情绪的累积为邮轮复航提供了游客保障。CLIA 在 2022 年邮轮业整体状况报告中预测，截至 2023 年底邮轮游客有望恢复并超越 2019 年的游客数量。邮轮市场目前是客源地市场，不同地域的市场特征会有很大差别。以下通过客群的出行结构特征、年龄结构特征和航线周期特征等维度对邮轮的用户特征展开分析，寻求用户需求的偏向性。

从图 4.1~4.2 数据可以分析出北美和亚洲地区邮轮平均巡航的时间。西方游客偏向于 7 天及以上的长期旅行，以地中海区域、北欧为目的地，其中有一定比例游客偏好 15~20 天的长距离旅行。亚洲和大陆邮轮游客偏向于 4 天左右航线较短的短途旅行，平均航行天数为 4.3 天，以日韩、东南亚为目的地。出行时间的差异主要是因为亚洲普遍假期在 2~7 天，人们很难有更长的假期去体验长途航线，且邮轮旅游属于舶来品，亚洲游客对于邮轮文化的接受程度并不高，并不愿意在海上停留太长时间，只希望体验不一样的旅行方式。

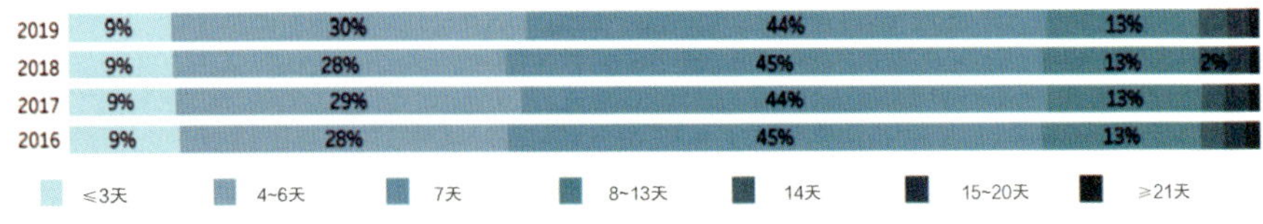

图 4.1　北美游客平均航行天数

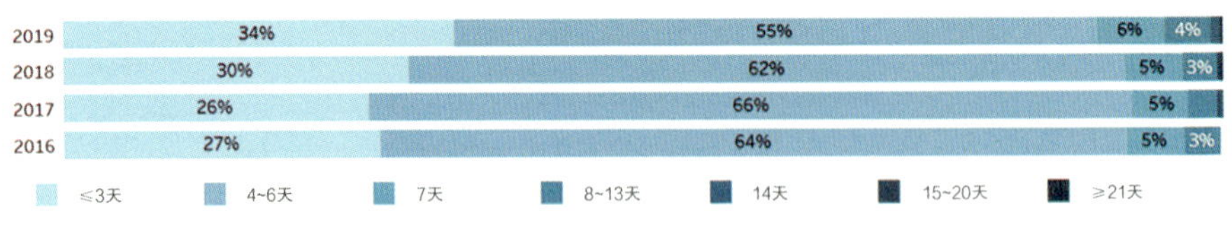

图 4.2　亚洲市场平均航行天数

2019 年北美地区邮轮游客的平均年龄为 45.7 岁，欧洲地区邮轮游客的平均年龄为 49.7 岁，亚太地区邮轮游客的平均年龄是 46.2 岁，其中中国市场平均年龄为 46 岁。但近年来亚太地区邮轮游客有年轻化的趋势，2020 年亚太地区邮轮游客平均年龄为 46.3 岁，2021 年亚太地区邮轮游客平均年龄为 35.4 岁。与之不同的是，北美邮轮游客年龄有增加的趋势，2020 年北美邮轮游客的平均年龄为 47.4 岁，2021 年平均年龄为 49.1 岁。

中国大陆作为亚洲客源市场的主导，对大陆的游客进行行为特征分析具有必要性。国内客源市场分布从总体上呈现出区域差异性，客群存在明显的东部和近域特征。在国内老人是邮轮出行的主力（图 4.3），中国邮轮出行平均年龄为 39 岁，50 岁以上占 47%；中国人家庭观念较重，通常会以个体家庭、大家庭形式出游，或者利用假期进行亲子游，在这些家庭出游中也有部分隔代游，由老年人带着小孩子旅游，这类消费者喜欢热闹的家庭氛围；年轻人结伴出游，偏重集体活动或是商务活动，非主动性参与；此外在中国市场中家庭式、团队式出游逐渐成为趋势；“Z 世代”青年群体逐渐成为邮轮消费市场主力军。

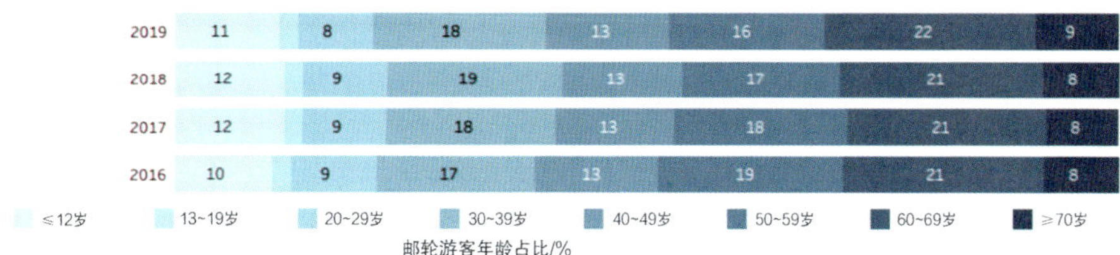

图 4.3　中国大陆游客年龄统计

第二节　游客需求与功能定位

一、邮轮旅游需求

旅游需求是指在一定时期内，旅游者愿意并能够以一定货币支付能力购买旅游产品的数量。旅游者对旅游产品的购买欲望是一种内在动因，可以激发旅游者旅游动机和行为，是一种主观愿望。旅游者的支付能力、闲暇时间和身体状况等都会影响旅游者的选择。从主观因素来看，旅游者的心理类型、年龄、性别、文化层次和审美观念等这些个人因素都会影响旅游者的旅游动机；从客观因素来看，旅游者所处的社会文化环境、旅游品牌宣传、旅游环境的吸引力等这些会影响旅游者的选择。

邮轮旅游需求主要受邮轮游客类型、动机、意愿、人口流动限制及客源地等涉及邮轮游客出游力的影响。不同年龄层次的游客对邮轮旅游需求不同，老年人需要宽敞明亮的室内空间、热闹而不喧哗的休闲放松场所；中年人对饮食均衡的需求较高，要开设不同地域的特色美食餐厅；年轻人对于社交娱乐的需求旺盛，需要设立不同主题的酒吧、健身房；家庭游客需要设立儿童娱乐场所、亲子互动场所等。国内外游客也有着不同的旅游需求，中国游客喜欢静态地感受景色，不需要参与式的旅游观光；西方游客喜欢动态事物，在变化中投入自己，乐于参加各类活动。旅游需求是分析旅游市场变化和预测旅游者需求趋势的重要依据，也是旅游经营者制订经营计划和邮轮室内设计的依据。

二、邮轮旅游文化

文化是指人类在社会实践过程中所获得的物质、精神的生产能力和创造的物质和精神财富的总和，包含自然科学、技术科学和社会意识形态的精神生产能力和产品。不同的文化环境对游客的行为选择、度假活动和目的地偏好等方面有着一定的影响。文化是一种社会现象，在邮轮旅游中由于文化背景、旅游观念等差异，人们的表现、消费习惯等存在着不同的特征，这些差异的存在形成了各具特色的邮轮旅游文化。

邮轮作为一种文化的载体，不同文化适应策略对游客行为的影响存在差异。在西方国家，由于邮轮起源较早，邮轮文化普及度较高，人们对于邮轮有一定的认识和见解，人们偏向精神享受、喜欢慢生活，是一种注重过程的享受式邮轮旅游文化。亚洲游客有着明显不同的行为习惯特点，在亚太地区，邮轮旅游处于起步阶段，无论是在邮轮设计技术还是在邮轮运营上都尚未成熟，邮轮普及度低，游客们对于邮轮旅游没有完整的认识。通过邮轮主题的打造可以营造出不同的文化氛围，让游客们感受邮轮上文化的交流与碰撞。

三、邮轮客户特征

邮轮游客数量大，游客需求千差万别，如性别差异、感知差异、消费差异、价值差异和经历差异等。根据邮轮消费者的不同特征，对游客类型进行划分并提出多目标营销策略，现从儿童游客、青年人、中年人和老年人 4 个不同年龄段的游客群体进行分析，如下：

儿童游客是指年龄在 2 周岁以上（含）12 周岁以下（含）的游客。他们一般都是父母陪伴一起出游，也有少部分是隔代出游。儿童游客是邮轮里最活跃的群体，有着鲜明的行为特点：喜欢热闹、依恋家长、好奇心强、求知欲强、注意力不稳定、持续时间短等。儿童在邮轮上的需求一般包括营养保健的食品需求、邮轮上玩具需求、早期教育需求等。儿童虽然暂时没有消费能力，但由于其依赖于父母，对旅游产品的选择能够很大程度上影响父母的决策，间接消费能力强。他们通过感官来认识世界，需要在声光热以及造型方面来激发他们的兴趣。儿童类旅游产品可以通过增加一些趣味性互动来吸引他们的参与度。由于儿童游客心理及身体生理方面尚不成熟，行程安全性很重要，邮轮上须对儿童设施的安全性、儿童游客的人身安全负责。旅行过程中旅游产品内容是否充实、能否增长见识、住宿条件等也是家长们关注的问题。增加邮轮空间中的亲子互动娱乐设施（如图4.4）可以更好地吸引家庭游客。

图 4.4 “大西洋”号亲子思高俱乐部

青年人在邮轮中属于活跃的群体，这类群体精力旺盛，时间充裕，又无家庭的牵绊，因此邮轮里的各类活动区域都是他们的感兴趣的空间，如：购物、休闲、娱乐、就餐和交往等。青年人作为新一代社会主力成员，往往能够紧跟时代潮流，思想较为先进，娱乐消费意识强。他们追求个性化与时尚化，消费能力和潜力巨大，会参与邮轮中各类体验项目，并且愿意进行消费。在饮食偏好方面注重各地特色风味美食，基础性餐饮难以满足和吸引游客。在邮轮旅行住宿时考虑其舒适度，偏爱海景房和阳台房。另外，作为消费能力较强的一类群体，青年人更加看重邮轮空间中的娱乐和消费场所（图 4.5）。与中老年游客相比，他们娱乐和交往的要求更强烈，比如：餐厅、酒吧、KTV 等可以提供社交活动的场所，是年轻人偏好的空间。年轻人思想敏锐、接受力强，非常能接受新奇特的娱乐项目，邮轮中新兴事物如智能技术的应用、创新设计点、互动空间等都能够吸引这类游客。青年游客对于环保有着更严格的要求，可持续旅游产品是他们考虑的重点，因此邮轮上使用环保材料既符合青年人的旅游需求，又能够体现邮轮企业保护环境的社会责任感。

图 4.5　皇家加勒比“海洋光谱”号甲板冲浪

中年人通常是家庭或团体出游，常见的是以家庭为单位的出游行为。他们的旅游决策者往往是一个家庭，其中孩子的决策影响力很大，但最终决策者仍是家里的父母长辈。中年人在邮轮中属于比较理性的一个群体，他们的活动以实际消费为主，包括购物、饮食和观赏表演等活动。他们消费理性但注重生活品质，有一定的消费能力。这类游客在进行旅游决策时更注重旅游企业的信誉和服务质量，考虑更多的是经济因素和安全因素，消费时偏向实用性产品，在邮轮的活动以实用性消费为主，包括购物、饮食和一些旁观性质的娱乐活动等。中年人旅行一般有着明确的动机，他们更倾向于在旅途中体验和享受生活，达到放松身心、愉悦心情、增长见识、增加家人感情等目的。相比其他群体，他们更愿意去感受与自己生活习俗不同的风土人情。这类人群需要陪伴孩子和家人，精力有限，对于娱乐、交往、感受等活动兴趣较少。如果孩子进入邮轮的托管服务，这部分游客的消费能力是非常强的，他们比较会享受生活，更愿意去安静观景、保养、水疗（图 4.6）等休闲娱乐场所，这部分人群也是未来邮轮主要吸引的客户。

图 4.6　嘉年华“凯旋”号水疗中心

老年人是邮轮里最大的群体，他们在邮轮的活动主要以休息、交往和感受为主，同时伴以少量消费活动。对于老年游客来说，错峰出游、淡季出游是他们的首选，他们追求旅游中的服务质量和流程的简洁性。就消费需求和消费能力来说，老年人消费更加理性，消费时注重消费品是否经济实惠。他们喜欢多元化的休闲方式，更注重养生；在饮食习惯上更偏向营养均衡、清淡易消化的餐点；在购物方面更注重产品品质，倾向具有收藏价值的纪念品；在住宿方面喜欢简洁安静便利的环境，光线明亮的阳台房和海景房是他们的首选。他们“喜静”，热爱自然风光，通常会到热闹而不过于喧闹的场所去活动，比如：打牌（图 4.7）、下棋、聊天或是户外赏风景等，这样既消磨了空闲的时间，也消除了孤独感。优质特色的人文服务、茶文化、棋牌文化等融入邮轮空间更能吸引这类游客。老年人的自我保护能力相对弱，对邮轮上安全性要求高，邮轮上可以适当减少娱乐项目，增加休闲、康复、保健等附加项目；邮轮内部增加安全保障措施、完善应急预案、配备急救人员非常有必要。

图 4.7 皇家加勒比“海洋航行者”号棋牌室

残疾人作为一类特殊群体，与健全人一样有着放松身心、愉悦心情的旅行需求。相比之下，残障人士的旅行需求具有一定的独特性：首先是情感的敏感性，孤独感使他们渴望通过外界事物寻求自我价值存在感；其次是对亲友或者服务人员有较高的依赖性，对生活环境有较多的限制。因此，无障碍环境是残疾人旅行时首要考虑的因素。为照顾到每一类群体，邮轮上每层都有残疾人坡道，大部分邮轮提供轮椅租借服务供上下船使用。同时，邮轮中会配备残疾人房，空间比普通客房更大，配有特别的洗浴装置；大部分残疾人房间有按钮门，比船上其他区域的房间有更宽的过道。残障人士活动频率低，鉴于身体因素，更倾向于短途游、周边游，在旅游过程中依赖性强。所以需要邮轮合理安排员工服务行动不便的客人，确保客人在紧急情况下有更好的看护。

第三节　游客的审美偏向

一、中西文化差异

由于地理环境、历史渊源、生活环境和宗教信仰的不同，中西文化有很大差异。西方游客一般会关注个人利益的维护，会更加重视个体差异性，喜欢人与人之间的直接沟通交流。因此西方人在参与社会活动的过程中会选择将个人意识作为切入点，交往模式具有理智性特征。西方风格邮轮设计通常会采用开放式布局，突出空间的流动性和灵活性，以满足个人的需求和舒适感。同时，西方人也更注重对称、平衡的美感，通过对称的布局来提升空间的品质感和美感。

相比之下，东方人在东方文化背景的长期熏陶下，通常更注重家庭观念，这直接促使东方人在社会活动中重视和谐情感的表达，交往模式具有情感型特点。在中国传统文化中，整体感和层次感是非常重要的审美标准。因此，在中式风格邮轮设计中，多采用复杂的装饰和分隔空间的方式，以达到整体感和层次感的效果。同时，在中国文化中，对于天人合一的追求也会反映在设计中，比如采用石材、木材等自然元素来营造与自然融为一体的感觉。

二、中西行为差异

受西方个人主义和享乐主义精神影响，西方游客更喜欢冒险性活动，喜欢亲自参与到娱乐活动中去，在挑选邮轮航线时愿意去一些小众地点，重在追寻自己未知的事物，享受新事物带来的乐趣；在邮轮旅游过程中，他们乐于尝试和体验新鲜事物，有着浓厚的探索精神，更加关注旅行过程本身；在饮食方面，喜欢小规模分散就餐，愿意尝试特色美食。亚洲游客则与之不同，受传统思想制约，他们出游时更倾向于游览观光，在选择旅游目的地相对保守，去之前会做很多攻略。以中国为例，人们对于邮轮旅游文化接触较少，在进行邮轮旅游产品选择上一般是被动的，信息来源只能依靠旅行社，人们普遍有种从众心理，在选购邮轮产品时趋同性较高。他们很看重安全因素，在旅行途中喜欢拍照留念，喜欢购买纪念品（图4.8），通常不会主动选择收费的餐厅和酒吧（图4.9）；此外，受社会文化发展制约，邮轮旅游是人们生活的延伸性需求，具有脆弱性、容易被其他旅行方式替代。

图4.8　皇家加勒比“海洋量子”号购物中心

图4.9　皇家加勒比“海洋航行者”号古思诺酒吧

三、我国游客审美特点

游客对邮轮审美需求总是复杂多样的，心理期望值因人而异。中外游客在文化和行为的差异，导致艺术审美方面也会有一定的设计指向性。对于邮轮空间而言，国际邮轮室内色彩、图案、材质和家具等装饰元素的搭配往往按照欧美游客的喜好而设计，不一定符合中国人的审美。因此，通过对特定人群的喜好度分析来了解我国游客对邮轮风格以及室内装饰的偏好。

2019 年底，本团队调研了 1 000 位豪华邮轮潜在客户，经过问卷清洗，有效问卷为 929 份。通过对 929 份问卷梳理发现，不同人群对邮轮空间塑造有着不同的看法。主要从家庭客户、年轻人、中年人、老年人四个方面进行分析如下：

1. 家庭客户（小孩 1~12 岁）

本组别调研的人数为 169 名对象，目标群体年龄为 20~35 岁，本科以上学历为 46%（图 4.11）。62.7% 调研人员来自上海和长三角地区，很大原因是我国沿海邮轮码头的增加，目前有以上海为核心的长三角邮轮圈、以天津为核心的渤海湾邮轮圈以及以香港、广州、深圳、厦门为核心的南部邮轮圈，沿海游客可以在就近码头登船。

针对小孩年龄为 1~12 岁的家庭客户的调研发现：在内饰风格方面，该类人群喜好现代简约风格、田园风格（图 4.12）、新中式风格；在舱室的主色调方面，这类群体比较喜好米、绿、蓝、白等颜色，对黄色和红色等比较明艳的颜色喜好度偏低；在家具的选择上，家庭客户喜欢自然、轻便、安全的家具类型，比如木、藤、竹等带着自然属性的面材以及塑料、烤漆等现代轻便的家具，金属和玻璃在邮轮中并不太安全，也不太受家庭客户喜欢；家具色彩的选择，家庭客户偏向于自然清新简洁的颜色；在软装方面，地毯纹样简约现代、自然元素的应用比较受家庭客户喜欢，软装偏向于简洁单色或者是植物花卉清新自然的纹样，整体的色彩比较平均，清新的米色选择人数最多（表 4.1）。

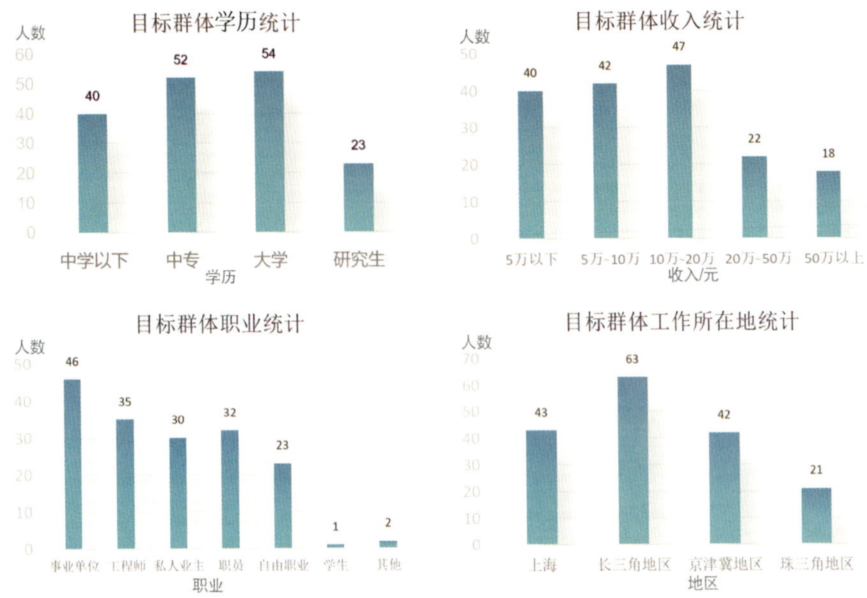

图 4.11　家庭客群信息

图 4.12　公主邮轮“盛世公主”号邮轮室内风格

表 4.1　家庭客户室内装饰风格偏向性

舱室风格	舱室主色调	家具选择	软装偏好
现代简约风格、田园风格、新中式风格	米、绿、蓝、白	自然、轻便、安全，色彩清新简洁	地毯：简约现代； 窗帘：简洁单色、清新自然； 色彩：颜色平均，偏向米色

2. 年轻人（18~35 岁）

本组别调研的人数为 303 名对象，目标群体年龄为 18~35 岁无小孩，本科以上学历为 80.5%，63% 调研人员来自上海和长三角地区（图 4.13）。对于年龄在 18~35 岁的年轻人来说，在内饰风格方面，他们喜欢现代简约风格（图 4.14）、田园风格、后现代风格；从舱室的主色调数据中，不太能分辨出室内色彩偏向，但可以得出蓝色相对比例较高，黄色和红色比例稍低，人们倾向于浅一点的色彩配置；年轻的客户喜欢自然、轻便、安全的家具类型，比如木、藤等带着自然属性的面材，以及塑料、烤漆等现代轻便的家具，金属和玻璃在邮轮中并不太安全，与家庭客户类似，也不太受年轻客户的喜欢；在家具色彩的选择上年轻群体同样也是喜欢自然清新简洁的颜色；在软装方面，地毯纹样简约现代、自然元素的应用比较受年轻人喜欢，窗帘偏向于简洁单色或者是植物花卉等清新自然的纹样，软装的色彩比较平均，清新的米色选择人数最多（表 4.2）。

表 4.2　年轻人室内装饰风格偏向性

舱室风格	舱室主色调	家具选择	软装偏好
现代简约风格、田园风格、后现代风格	蓝、白、米、绿	自然、轻便、安全，色彩清新简洁	地毯：简约现代； 窗帘：简洁单色、清新自然； 色彩：颜色平均，偏向米色

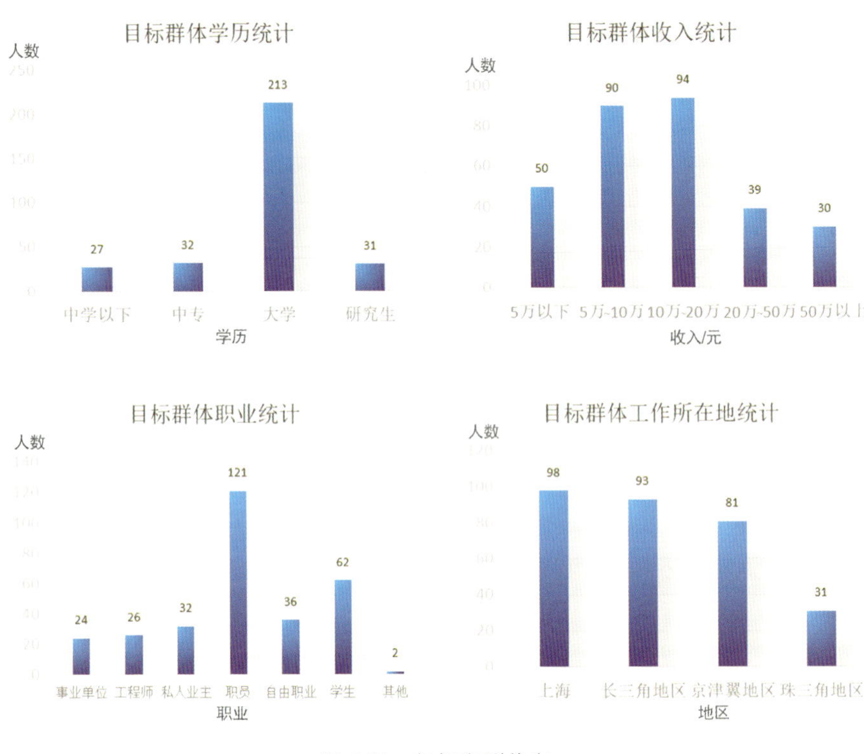

图 4.13　年轻客群信息

图 4.14　皇家加勒比“海洋奇迹”号邮轮室内风格

3. 中年人（35~60 岁）

本组别调研的人数为 229 名对象，目标群体年龄为 35~60 岁之间，本科以上学历为 55%，74.2% 调研人员来自上海和长三角地区（图 4.15）。对于年龄在 35~60 岁的中年人来说，在内饰风格方面，他们比较喜欢现代简约风格、新中式风格、地中海风格；在舱室的主色调方面，白色、米色、蓝色、绿色更受中年群体的喜欢，明亮简洁的空间风格是中年人比较喜欢的风格（图 4.16）；在家具选择上，木制家具选择的人数最多，这类群体喜欢自然且有档次的家具，颜色选择彩度低，黑白灰为主，整体颜色倾向于偏深，款式稳重的类型。在软装方面，地毯纹样简约抽象、含有自然元素等样式比较受中年群体喜欢，窗帘会选择简洁单色，软装的色彩选择米色、黑白居多。除此之外，他们认为软装的选择应与舱室整体风格相匹配，因此在颜色和样式的选择上更倾向于与整体装饰风格相匹配的装饰（表 4.3）。

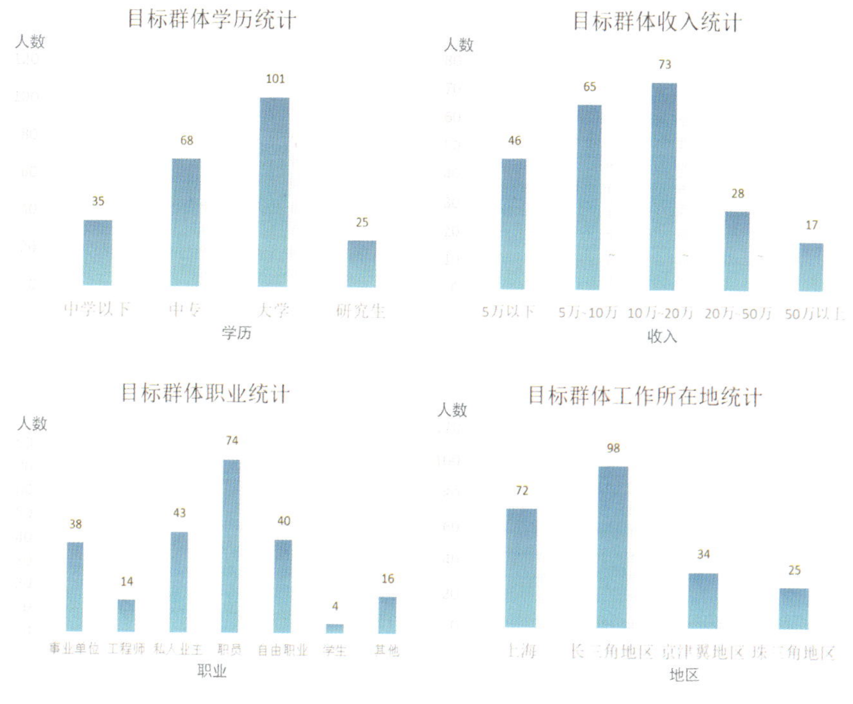

图 4.15 中年客群信息

图 4.16　名人“至极”号邮轮室内风格

表 4.3　中年人室内装饰风格偏向性

室内装饰	舱室风格	舱室主色调	家具选择	软装偏好
风格偏向	现代简约风格、新中式风格、地中海风格、后现代风格	米、白、蓝、绿	木制、自然风、色彩偏深	地毯：纯色、植物花卉； 窗帘：简洁单色； 色彩：米色、黑白色

4. 老年人（>60 岁）

本组别调研的人数为 228 名对象，目标群体年龄为 60 岁以上，82.9% 已经退休，78.5% 调研人员来自上海和长三角地区（图 4.17）。对于年龄大于 60 岁的老年人来说，在内饰风格方面，该类人群偏向性分别为现代简约风格、新中式风格、田园风格；在舱室的主色调方面，颜色清淡的白色和米色是老人们的偏爱，深色也可以接受（图 4.18），其他年龄层不太喜欢的红色和黄色，老年人相对也没那么排斥；在家具选择上，老年人喜欢自然、轻便、安全的家具类型，带着自然属性的面材，塑料烤漆金属等现代轻便的家具同样也是被老年人所接受的；家具材质选择则偏向于自然木纹，颜色明亮轻快的样式；在软装方面，地毯纹样简约现代、花鸟和传统图案比较受老年群体喜欢，窗帘偏向于简洁单色或者是植物花卉清新自然的纹样。在总的室内装饰风格上，老年人更倾向于简洁明亮的室内，在满足基本的功能需求情况下更加注重邮轮室内的安全性（见表 4.4）。

表 4.4 老年人室内装饰风格偏向性

室内装饰	舱室风格	舱室主色调	家具选择	软装偏好
风格偏向	现代简约风格、新中式风格、田园风格	白、米、蓝、深色	自然、轻便、安全，颜色明亮轻快	地毯：简约现代； 窗帘：简洁单色； 色彩：白色、米色

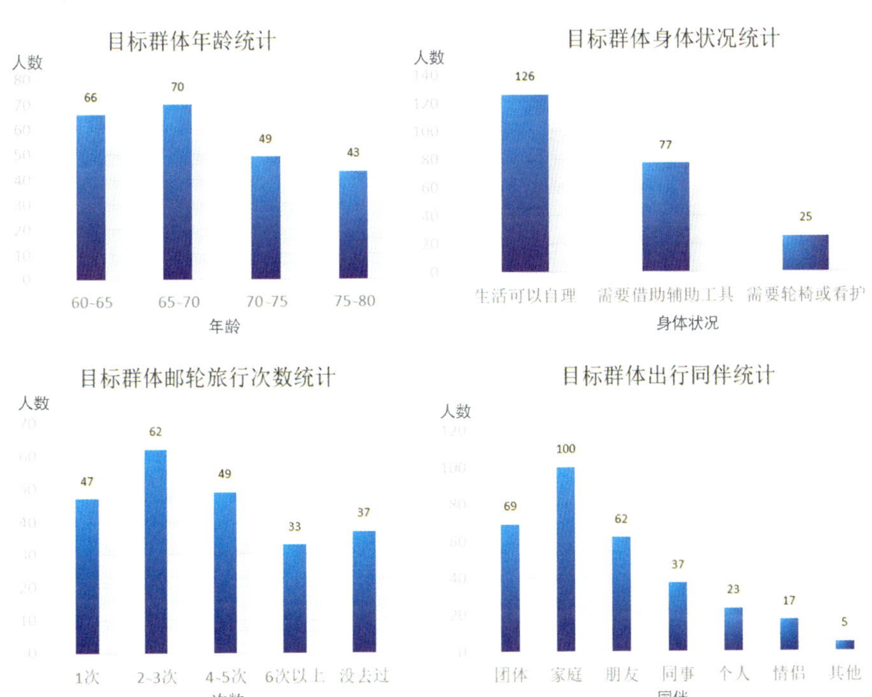

图 4.17 老年客群信息

图 4.18　名人“极致”号室内风格

通过对以上家庭用户、年轻人、中年人、老年人的审美偏向性调查和分析，可以得出不同用户群体有着不同的审美偏好，在邮轮室内风格定位时，要根据这些差异进行设计。总而言之，家庭客户更倾向于自然清新的室内装饰，在舱室室内家具、装饰选择时看重安全性和实用性，舱室色彩简约，以灰、米、棕色为主；年轻人喜欢有格调、有文化的现代简约装修风格，舱室内智能技术的应用会赢得他们的青睐，舱室色彩以简约为主，喜欢浅色、具有高级感的颜色；中年人和家庭客户类似，室内装饰风格喜欢朴素而不失雅致的风格，如现代简约风格，家具要有品质感、设计感、现代感，舱室色彩喜欢简约型，以白、灰、原木色为主；老年人在舱室选择中，倾向于传统稳重的风格，喜欢自然元素作为室内的装饰，不太能接受新材料，他们喜欢光线充足的地方，舱室色调以米色和白色为主。

邮轮的艺术表现需要根据游客的审美和需求出发，强调游客在邮轮环境中的体验感，而不是仅仅从艺术表现出发。设计师要针对不同的游客群体，赋予邮轮以不同的主题风格，并综合运用色彩、灯光、装饰物等进行重点打造。使游客们进入邮轮后，体会到不同地域、不同时期、不同主题的装饰特点，给他们的豪华之旅带来更多的体验和刺激。

第五章 现代邮轮典型舱室特征分析

现代邮轮在室内空间设计上，从整体布局到局部布置的细节设计都十分考究，在实现功能需求的前提下，考虑了舒适性、人文性和艺术性。邮轮室内空间并不仅是为了给游客提供一个生活和活动的场所，它还对游客的生理、心理、行为等产生着重要的影响。对邮轮居住空间和公共空间功能布局和设计风格的分析，有助于了解如何更好地设计邮轮。

第一节 邮轮空间特征

邮轮的舱室空间是由邮轮内部结构划分的具有特定功能的建筑空间。考虑到邮轮的运载功能和承载环境，同时兼顾邮轮的运动方式和旅游度假属性，室内空间具有以下特征：

1. 空间呈均衡分布

邮轮是移动于水面的独立体，内部的空间布局在设计时要充分考虑船舶的平衡稳定要求，基于船舶的稳性和强度的要求，空间必须均衡分布，因此其大部分居住空间应以对称布置为主，保证其质量分布的均衡性是邮轮安全航行的前提。但对称的空间容易给人单一乏味的感觉，所以在公共舱室的设计中进行非对称的布置也是现代邮轮中经常采用的手法。

2. 空间受外观限制

对邮轮来说，要保证运行过程的稳定性，须使重心尽量降低，因此空间层高设计比较紧凑。一般来说，舱室净高只能为 1.95~2.20 m（视邮轮航区及船东要求）。为了增加舒适度，会在大厅、剧场等室内贯通 2~5 层的甲板而形成所需的大空间。由于船舶的特殊性，不仅在平面上会导致首尾部分的室内空间呈现出曲面形，其影响也体现在垂直的舱壁上。因此在船舶的室内设计中要充分考虑到这一特点，在家具的布置上进行巧妙的设计以达到正常生活和工作所需要的水平性或垂直性。

3. 空间边界“非而非”

邮轮是一个封闭的移动空间，受明确的外壳空间所限，内部空间与空间之间边界模糊，只能在有限的空间中集合餐饮、娱乐、运动、休息等众多功能区域。因此，船体内部公共空间边界有了领域性拓展区域的可能，营造多功能形式空间，最明显就是中央大厅区域，这个区域是人流最集中的区域，整体空间呈现出融合、渗透和动态的特征，架空设计为多种活动的发生提供了场所，如休憩、交流、观赏、娱乐、餐饮等。受船体造型的限制，邮轮的平面一般是狭长的造型，狭长平面带来的问题就是会产生一定比重的狭长走廊空间，设计中通过连廊安排功能和组织交通，结合商店、休息厅、咖啡吧等功能对各个功能边界进行模糊处理。

第二节　邮轮室内布局分析

一、邮轮空间布局演变

从邮轮舱室发展过程可以了解到，随着社会的发展和船舶结构的改进，邮轮空间布局不断变化。通过选取嘉年华邮轮旗下三个不同时期代表性邮轮，嘉年华“天堂”号（Carnival Paradise）、“辉煌”号（Carnival Splendor）、“展望”号（Carnival Vista）进行空间布置类比分析，得出邮轮空间布局变化的规律（表 5.1）。

表 5.1　邮轮舱室布局演变

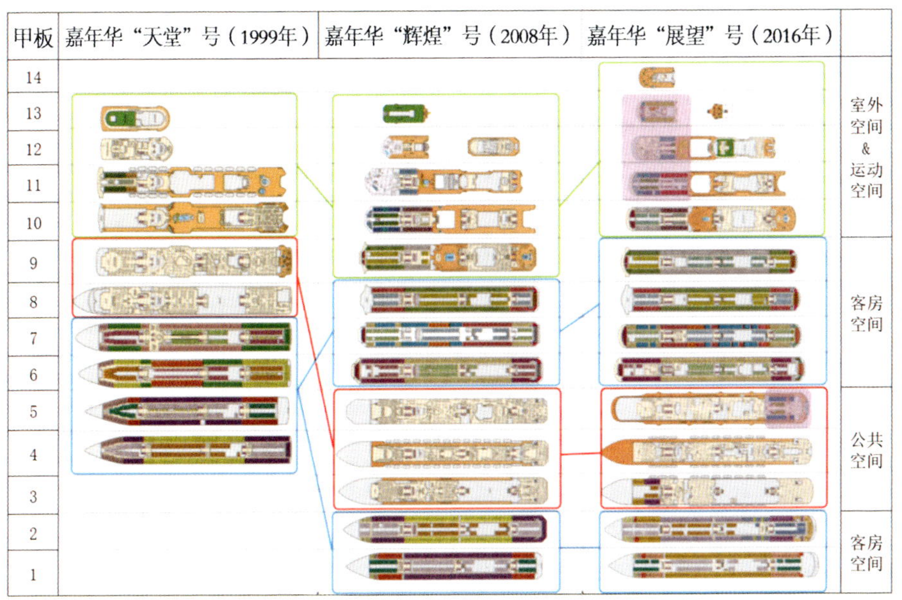

早期邮轮娱乐性一般，客舱无等级之分。自 1990 以来，在邮轮的空间布局中，大多数邮轮空间类似三明治，划分出公共区域和客房区域。每个区域在垂直方向上交替进行，创建出规整的空间和舒适的生活环境。低层为客舱空间，只有非常少的舱室配备阳台房，其余都为内舱房和海景房。中间层为娱乐空间，为了让空间更紧凑、富有变化，公共空间部分呈不对称布置。此外，考虑到功能和便捷性，运动场所和相关的餐饮设施位于顶层。

2000 年以后，邮轮住宿空间改善，空间分层明确。此阶段，邮轮的空间布局形式将游客居住区分为客舱空间和公共空间，整个公共空间置于客舱空间之下。后来，随着对邮轮噪声和振动标准的加强，此方法已被用来改善船舱的居住环境。同时，为了尽可能将海景最大化，提高舱室的舒适度，邮轮上层建筑所有靠海的空间都设置为阳台房。对比较早期邮轮，此阶段邮轮室内公共空间明显增多。

到了新世纪，邮轮设计创意新奇，公共空间也不断增加，客舱类型增多。邮轮布局中，通常在顶层首部最好的观景区设置豪华套房，不少邮轮公司还特地为 VIP 客户提供私人管家服务。在靠近娱乐区的尾部增加了部分海景套房，可以让游客更便捷地享受公共空间服务。

二、邮轮功能布局规律

邮轮空间功能需求分析通过对全球正在运营的邮轮进行归纳和总结，现收集了全球 96 艘中大型邮轮的公共空间，分析其空间特征。搜集到的每艘邮轮都按照餐饮、休闲、文教、娱乐四个空间类别进行统计，有对应功能空间的便对应一个★标，在表 5.2 中体现。

表 5.2　邮轮公共区域空间功能分布图

甲板	餐饮区						休闲区						文教区					娱乐区					
16			★★						★★★	★★★★	★★												
15			★★★	★			★★★			★★★		★★★★★★★★								★	★★★★★★		
14		★	★★★★★	★★			★	★★★	★★★★★★	★★	★★★★★★★★	★★★★★			★		★★				★★★		★★★★★★
13		★★★★★★★	★★★★★★★★★★★				★★★★★★	★★★	★★	★★★★★★	★★★★★★★	★★★★★									★★		
12		★★★★★★★	★★★★★★★★★★★★★★★★★★★★★★★★★★★★★★★★★	★★★	★★★★★	★★★★	★★★★★★★★★★★★★★★★★★★★★	★★★★★★	★★★★★★★★★	★★★★★★★	★★★★★★★★★★★★★★★★★★★★★★★★	★★★★★★★★	★★		★		★			★★★★★★	★★★★★★★★★★★★	★	
11		★★★★★★★★★★★★	★★★★★★★★★★★★★★★★★★★★★★★★★★	★★★★★★	★★★	★	★★★★★★★★★★★★★★★	★★★★★★★	★★★★★	★★	★★★★★★★★★★★★★★★★★★★	★★★★★★★★★★★★★★	★★★	★	★★★		★★	★★★★★★★★★		★	★★★★★★★	★	★★★★★★★
10		★★★★★★★★★★	★★★★★★★★★★★★★★★★★★★★★★★★★★★★★★★★★	★★★★★★★★	★★★		★★★★★★★	★★★★★	★★★	★★	★★	★★★★★★★★★		★★★★★	★★★★★★★			★★★★★★★	★★★	★★★★★★★★★★★★★★★★★★	★★★★★★★★★★★	★★	
9	★★★	★★★★★★★★★★★★★★	★★★★★★★★★★★★★★★★★★★★★★★★★★★★★★★★★	★★★★★★★★★	★★★★★★	★★★★	★★★★★★★★★★★★★★★★★★★★★★★★	★★★★★	★★	★★★★★	★★★★★★★★★★★★★★★★★	★★★★★★★★★★★★★★★★	★★★★★	★	★★	★	★★	★★★★★★★★★★★★	★★★★★	★★★★★★★★★★★★	★★★★★★	★★★★★	★★
8	★	★★★★★★★★★★★★★★★★★★★★★★★★	★★★★★★★★★★	★★★★	★	★★★★★★	★★★★★★★★★★★★★★				★★★★★★★★★★★★★★	★★★★★★	★	★★★	★★★★★★★	★	★★	★★★★★★★		★★	★★★	★★★★★	★★
7	★★★★★★★★★	★★★★	★★★★★★★★★★★★★★★★★★★★★★★★★★★★★★★	★★★★★★	★★★★	★★	★★						★★	★★★★★★	★★★★★★		★★	★★★★★★★★★★★★★★	★★★	★	★	★★★	
6	★★★★★		★★★★★★★★★★★★★★★★★★★★★★★★★★★★★★★★★	★★★★★		★★★★★★★★★			★	★		★★	★	★★	★	★★★	★	★★★★★★★★★★★★★★★★★★★★	★★★			★★	★★★★
5	★★★★★★★★★★★★★★★★★★★★★★★★★★★★★★★★★	★	★★★★★★★★★★★★★★★★★★★★★★★★★★★★★★★★★	★★★★★★★★★★	★★★								★★★★★★★★★★★	★★★	★★★★★	★★★★	★★★★★	★★★★★★★★★★★★★★★★★★★★★★	★★★★	★★★★★★	★★	★★★★★	★
4	★★★★★★★★★★★★★★★★★★★★★★★★★★★★★★★★	★	★★★★★★★★★★★★★		★							★	★	★★★★★★★	★★★★★★★★	★	★★★★★★	★★★★★	★★★★★★★	★★★★★★★	★	★★★	★★★★★★★★
3	★★★★★★★★★★★★★★★★★★★★	★	★★★★★★★★★★★★★★★★★★★★★★★★★★★★	★★★★★★★★★★★★							★	★★★	★★★★	★★★★★★★	★★★★	★★	★★★★	★★★★★★★★★★★★★★	★		★	★★★★	★★★★
2	★★★★★★★★★★★★★★★		★★★★★★★★★★★★★★★★★★★★★★★★★★★★★★★★★			★★★★					★★★★	★	★★★★★			★		★★★★★★★★	★★★★★★	★★★★★★★		★★★★	★★★★
1	★★★★★★		★★		★											★★		★★★★★★★				★	
	主餐厅	自助餐厅	酒吧	咖啡吧	寿司店	烧烤吧	泳池	慢跑	篮球	高尔夫	桑拿	健身	画廊	照片廊	图书馆	会议室	网吧	剧院	赌场	游戏室	儿童中心	棋牌室	影院

最终，得出邮轮室内空间布置的一般规律：如表 5.2 所示，公共空间构成的最大要素是主餐厅、自助餐、酒吧、泳池、桑拿、健身、剧院、活动中心等，其他功能空间根据不同邮轮的构成而有所不同。最重要的“主餐厅”是提供邮轮所有游客使用的空间，一般由两个以上的餐厅组成，位于 2~8 层甲板之间；自助餐提供全天餐饮服务，位于 9 层以上；酒吧考虑到使用者的方便，均匀分布在各个甲板层。运动和美容设施大部分都设置在 9~14 层，最高层一般为运动空间。由于邮轮海上巡游时间长，为了能够方

便游客进行各种娱乐活动，娱乐及社交设施被均匀地安排在 1~14 层。

综上所述，绘制出当代豪华邮轮空间布局模型（图 5.1）：除去最下面几层的工作舱和船员生活区，邮轮的底层为居住舱室层，往上两层结合游客上船入口进厅设置公共娱乐区，再往上为若干层居住舱室（具体居住舱室数量根据不同邮轮的规模而定），邮轮的顶部几层一般结合室内运动场地设置为公共区域，与户外甲板空间连成一体。最新推出的邮轮会进行客群划分，如：在公共区域尾部设置一部分高级套房，并在这些套房配备单独的就餐、活动场所。诺唯真“喜悦”号 The Haven 套房位于邮轮顶部的专属区域，拥有最宽敞的住宿空间以及最豪华的配置，客人可以享受专属电梯、专属餐厅、专属酒吧和专属私密泳池，可谓海上的“船中船”。

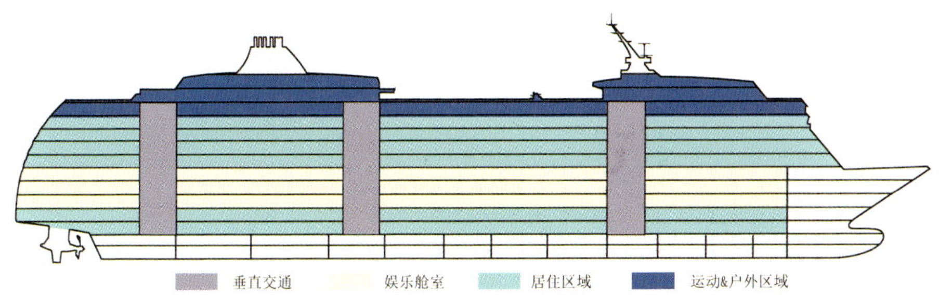

图 5.1　邮轮功能布局模型

第三节　邮轮典型舱室设计分析

邮轮为了满足客户的需求设置不同的功能空间，主要分为游客居住区和船员生活区。旅客居住区域分为私人区域和公共区域，公共区域进一步分为餐饮区域、休闲娱乐区、社会活动区域与公共交通区域。邮轮的空间必须在有限的空间内长时间满足各种游客的爱好和需求，因此需要考虑内部空间设置的合理性。大致分为 5 类空间：客舱区域、餐饮区域、休闲娱乐区域、社会活动区域、交通空间区域（表 5.3）。

表 5.3 邮轮功能组成和空间特征

分区分类		功能组成			空间特征
旅客居住区	私人区域	客舱区域	VIP区域	套房 阳台房（外部，门廊） 海景房（外部，窗户）	顶楼、豪华、VIP 服务、私人泳池、私人餐厅
			普通客舱	套房 阳台房（外部，门廊） 海景房（外部，窗户） 内舱房（内部）	安静、舒适
	公共区域	各色餐饮	餐厅	主餐厅	大空间、豪华、正式
				自助餐厅	大空间、自由、流动
				特色餐厅	风格明显、私密性强
			休闲	烧烤、冷热饮	自由开放、便捷
				咖啡馆、酒吧	风格明显、适合聚会
		休闲娱乐	运动	室外：游泳池和水上娱乐、慢跑跑道、高尔夫、网球等	阳光、开敞、观景
				室内：瑜伽、健身	安静、专业
			美容	SPA、桑拿、美容沙龙、汗蒸、养生	私密、安静
			娱乐	体验娱乐：游戏室，赌场、棋牌室、KTV	私密、热闹、隐蔽
				观影：剧院、电影院	大空间、装饰华丽
				青少年：护幼中心、少年活动室、儿童游戏室	安全、活动丰富、热闹
			购物	免税店、照相馆、商店	商业化、展示性
			文化	画廊、图书馆	安静、有品位、独立空间

表 5.3 （续表）

<table>
<tr><th colspan="2">分区分类</th><th colspan="3">功能组成</th><th>空间特征</th></tr>
<tr><td rowspan="5">旅客居住区</td><td rowspan="5">公共区域</td><td rowspan="2">社会活动</td><td>集会庆典</td><td>教堂</td><td>公众聚会、特色明显</td></tr>
<tr><td>商务活动</td><td>会议室、休息室、多功能厅</td><td>功能性强、商务便捷</td></tr>
<tr><td rowspan="3">公共交通</td><td>中庭</td><td>大厅、中庭、电梯大厅、前台、问讯处</td><td>豪华、热烈、个性化强、主题特色</td></tr>
<tr><td rowspan="2">服务</td><td>游客共用洗手间、残疾人洗手间、医院</td><td>干净整洁、便捷</td></tr>
<tr><td>走廊、楼梯、电梯、自动扶梯</td><td>指示性强、交通便捷、安全</td></tr>
<tr><td rowspan="6">船员生活区</td><td rowspan="4">业务领域</td><td>导航</td><td colspan="3">驾驶室、海图室、无线室、安全中心</td></tr>
<tr><td>管理区域</td><td colspan="3">洗衣房和烘干室、服务站、服装存放室等</td></tr>
<tr><td>餐饮区域</td><td colspan="3">烹饪室、布线室、厨房、食品储藏室</td></tr>
<tr><td>设备区域</td><td colspan="3">机房、空调房、锅炉、发电室、水泵、垃圾处理设施、水箱</td></tr>
<tr><td rowspan="2">船员空间</td><td>私人区域</td><td colspan="3">船员房：船长房、高级船员房、普通船员房、工作人员房间</td></tr>
<tr><td>公开区域</td><td colspan="3">船员餐厅、健身房、活动室、阅览室；
办公室、会议室、休息室；
电梯、楼梯、走廊</td></tr>
</table>

一、客舱设计要素和设计特点分析

邮轮居住空间是游客在船上的“家”，是游客休闲和休息的重要地方，是游客享受邮轮生活的基础。邮轮的客舱空间可分为豪华套房（皇家套房）、套房、阳台房、海景房和内舱房。根据空间尺度、甲板位置、是否有阳台、床的类型和游客人数进行详细划分。在不同邮轮中，客舱的名称和类别都不同，基于位置和区域进行差异化分类。

邮轮内舱房、海景房、阳台房的配置和普通酒店的配置类似，通常会配置卫星电视机、吹风机、电冰箱、保险柜等设备（现在很多邮轮取消了冰箱的设置）以及洗漱用品。家具包括可移动的2张单人床、衣柜、书桌、沙发等。套房相当于奢华酒店，包括起居室或多个卧室，享有最好的楼层和最大的空间，不仅面积大，设施齐全，有些套房还设有私人酒吧和钢琴，功能区的划分也更清晰。邮轮的客舱设计要更像一个“舒适的客厅”而不是一个“豪华的卧室”，让游客更多地参与到公共空间中去，从而创造共享社会体验的平台。

1. 内舱房设计特点

邮轮通常非常宽，因此在其内部会设置不少面积在15~20平方米的无窗户舱室，这些房间的面积占整个邮轮舱室的一半左右，这是邮轮里面最经济的舱位。一般情况，这种舱室适合预算较低，在舱房内的时间不多，精力充沛并喜欢在邮轮上参加各种活动，只把船舱用来睡觉的游客。内舱房虽然与其他舱室的布置有差别，但在邮轮上公共设施的使用是没有区别的。白天游客可以到甲板上的躺椅看风景，晚上享受邮轮上多姿多彩的活动，玩累了回到房间睡一觉，早晨海上的光线不会影响游客的休息。

内舱房设置在邮轮中间区域，这种房型经济实惠，室内空间紧凑。这些舱室的缺点是空间密闭、通风不佳，并且视野差；优点就是可以保持绝对的安静，避免干扰。这种密闭空间对游客的生理、心理产生压力，带来不良的体验，不适合长时间居住。为了缓解舱室的压抑，提升视觉舒适性，很多内舱房设置了窗户框，并且挂了窗帘；还有一些设置电子屏幕不断播放海景（图5.2），不少邮轮在内舱房的设计上更加用心、细致，简约的配色、柔和的灯光，营造舒适的氛围（图5.3）。

图 5.2　皇家加勒比“海洋航行者”号虚拟阳台内舱房

图 5.3　歌诗达“翡翠”号内舱房

2. 阳台房设计特点

阳台房拥有落地玻璃移门和阳台的房间。这类房间设置在邮轮的外围，现在的邮轮一半以上都是这种房型。这类舱房面积比内舱房大，而且还有一个可以看到大海的阳台（图 5.4），当阳光明媚时，可以走出房间去体会水天一色的海景，比在公共甲板上欣赏海景更具有私密性，因此，这种房间最受大众欢迎。由于这种房间是未来主推的房型，也是邮轮中最具代表性的舱室，它的布置的合理性和空间舒适性对邮轮空间而言非常重要。

图 5.4　歌诗达“威尼斯”号阳台房

3. 套房设计特点

套房是邮轮里的最高级房型，有卧室、客厅和私人阳台等，复式套房还会有室内楼梯设计（图 5.5）。套房的面积大小不一，但客房面积、客房设施及住客体验都是所有房间中最好的。除了有宽敞的卧室和卫生间以外，还有独立的会客和就餐区域。入住套房在邮轮上游玩也会有特殊的礼遇，上下船、餐饮、娱乐等方面均有优先权和一些尊享特权。但套房价格高昂，只适合那些追求卓越体验的客人。

图 5.5　皇家加勒比“海洋和悦”号阁楼复式套房

“海洋之星”客房设计案例

我们团队针对中国特色豪华邮轮设计做了不少研究，在研究的基础上设计了7.5万吨中日韩航线的“海洋之星”号豪华邮轮。

在客房设计中，考虑中国家庭出行特点，客房区域可以设置部分家庭连通房，满足游客需求。客房之间通过可关闭的门实现开放和封闭两种状态。一方面，这种房间可以家庭房的形式提供给有小孩的家庭旅客；另一方面，关闭房间之间的门后，这种房间又可以作为独立的套房提供给别的旅客，非常具有灵活性（图5.6）。

家庭连通房的设计重点是舒适性与功能性，目的是为旅客打造宾至如归的感觉。在关注实用性的同时将现代奢华的概念融入其中（图5.6~5.7）。套房内设计了超大储藏空间，可放置衣物、日用品等诸多物件，维持空间的整洁性。一体化沙发组合，安全性与实用性兼备，并且在寸土寸金的邮轮上可以节省不少空间（图5.8）。整体设计风格以海洋自然风为主，海底贝类的天然纹理，铸造璀璨舒适的居住空间。客房中大量弧线的运用，使室内设计紧凑而精致（图5.7）。

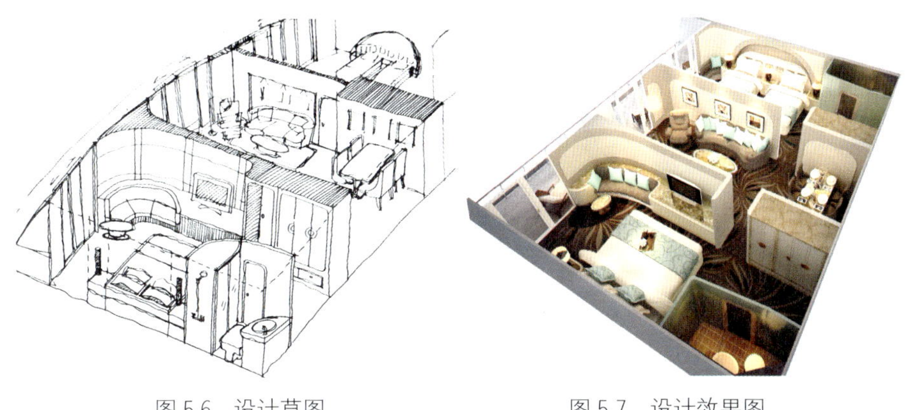

图5.6　设计草图　　图5.7　设计效果图

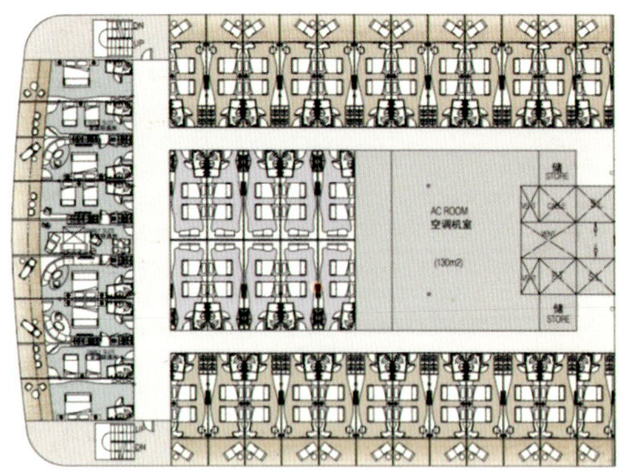

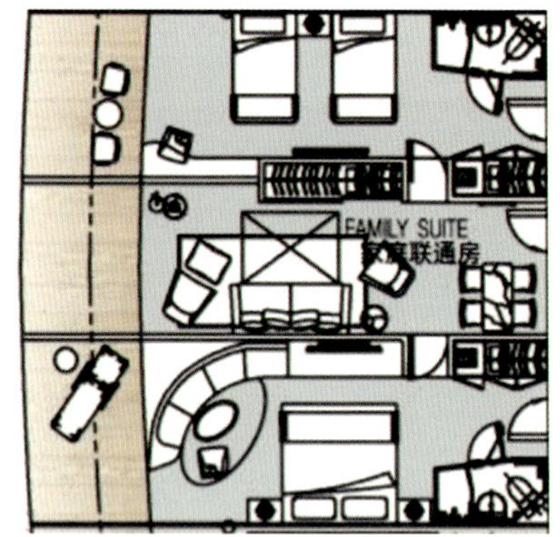

图 5.8　客房平面布置图

二、中央大厅要素和设计特点分析

1. 中央大厅空间特点

中央大厅空间一般位于邮轮客舱区的中心，挑高至少 2 层，占整个公共区域面积的 4%~8%，连接主街道、楼梯、电梯。中央大厅空间是公共区域的重点，其空间品质、环境品质和生态性能，影响邮轮的整体品质。同时，中央大厅作为邮轮的核心空间，其整体尺度往往比较大，承载起各类功能和用途，也为多种活动的发生提供了场所，如休憩、交流、观赏、娱乐和餐饮等。它不仅是居住区和公共区的中心，还可以使室内环境愉悦，并让游客体验邮轮主题特色的特殊空间。以下是具有意大利特色的歌诗达邮轮公司旗下“威尼斯”号（Costa Venezia）、“钻石皇冠”号（Costa Diadema）、“炫目”号（Costa Luminosa）和“幸运”号（Costa Fortuna）邮轮中央大厅的布局和设计风格分析。

1）“威尼斯”号邮轮

“威尼斯”号圣马可大堂位于 3~5 层甲板，一层为酒吧区和休闲区域，通过两侧楼梯，到达二、三层购物区。“威尼斯”号是歌诗达旗下第一艘以经典名城为灵感，全面再现威尼斯场景与风情的邮轮。整个大堂呈现金碧辉煌的罗马风格，天花模拟室外蓝天白云，金色“飞狮”矗立在大堂中央的巨柱之上，体现原汁原味的马可波罗广场（图 5.9）。

图 5.9 “威尼斯”号圣马可大堂

2）“钻石皇冠”号邮轮

“钻石皇冠”号伊利奥多罗大厅位于 3~5 层甲板。“钻石皇冠”号其名本身在意大利语中的意思是“教皇的三重冕”，因此在现代简约的设计中融合意大利古典风格。纵览整个空间，浩瀚宇宙的元素被融入宝石镶嵌的微缩世界，营造出精美的邮轮内饰环境。盘旋于天花板之上的发光蓝色球体，发出炫目的蓝紫色灯光照耀着整个空间，显得炫目璀璨（图 5.10）。

图 5.10 “钻石皇冠”号伊利奥多罗大厅

3）“炫目”号邮轮

“炫目”号邮轮超新星大厅位于 2~4 层甲板。三层高的中央大厅直通九层甲板。“炫目”号就像它的名字一样成为歌诗达船队中一颗耀眼夺目的明珠。顶级材料（黑檀木、象牙石、贝壳）打造金碧辉煌的“复古风格”室内（图 5.11），整体高贵优雅，新颖别致。

图 5.11 “炫目”号邮轮超新星大厅

4）“幸运”号邮轮

“幸运”号邮轮中庭位于 3~5 层甲板。一层为酒吧和休闲区；通过楼梯，通到二层图书和影像区，三层为购物廊、艺术廊和休闲中心。“幸运”号的设计灵感源自意大利伟大的邮轮造船史和航运史。室内设计为地中海风格，天花板以海洋图案为背景，其间点缀三维立体船模，营造炫目的海上景致（图 5.12），给人强烈的视觉冲击。

图 5.12 “幸运”号中庭

2. 中央大厅空间设计和风格特点总结

1）挑高设计提高空间体验

中央大厅通常位于邮轮入口甲板中部，挑高 2~3 层，且直通最高层甲板，玻璃顶棚的设计可以改善内部的通风和采光，使空间内部形成一个舒适的小气候环境，可以在很大程度上改善空间内部的物理环境。

2）交通枢纽重要组成空间

整个中央大厅占整个公共区域面积的 4%~8%，且中央大厅处客流量约占总客流量的 60%~75%。显然，中央大厅为非常重要的交通枢纽，它承载着吞吐吸纳人流、为多种公共活动提供场所的功能，并在一定程度上缓解了整体空间的交通压力。

3）空间功能丰富，可以单独使用

中央大厅集入口门厅、总服务台、大堂休息、大堂酒吧、表演舞台等综合多功能为一体。邮轮的中央大厅在很大程度上有着相对的独立性与灵活性，它既可以在邮轮中单独地使用，同时也可以作为辅助功能，与整体邮轮同时使用。中央大厅一般结合酒吧和餐饮功能，在夜间人流较少时，可以单独作为舞厅和酒吧来使用。

4）地域风格浓厚，符合大众审美

邮轮的使用者来自各个阶层，因此邮轮的开放空间设计在审美上得到大多数使用者的认同，展现其世俗的一面。歌诗达邮轮除了带着浓郁的意大利风格，装饰夸张，色彩浓郁，还结合光影设计，制造“新、奇、特”的视效认知，不仅吸引游客驻足，还能让游客聚集于公共空间进行消费和休闲活动。

三、餐厅要素和设计特点分析

餐厅是邮轮重要的公共服务场所之一，要保证在有限时间和空间范围内，向全船游客提供就餐条件。在人性化的体验和周到的服务中，餐厅会给游客的旅程留下美好印象。邮轮餐饮空间除了满足游客基本的用餐需求，也满足了游客对于高端用餐环境的心理需求。餐厅空间也可以作为娱乐和休闲的场所，在满足游客餐饮需求的同时，更多地去满足游客的聚会和娱乐休闲需求。同时，邮轮餐饮空间作为商务交流的重要场所，也发挥着重要的作用。

1. 餐厅的空间特点

邮轮餐厅的面积约占整个公共区域面积的 20%~30%。餐饮区通常包括主餐厅、自助餐厅、自费餐厅、烧烤吧、咖啡厅、休闲吧等。一艘邮轮需 2~3 个主餐厅，可位于船中或船尾，挑高 1~2 层，最大宽度为船宽，长度可跨两个防火舱壁。主餐厅和自助餐厅主要是满足游客的一日三餐；自费餐厅在满足游客餐饮需求的同时，更多地去满足游客的娱乐休闲需求；自费餐厅采用不同设计特色，以不一样的各地风味来满足每一个游客。

主餐厅一般位于船尾以厨房设施为中心的低楼层。大型邮轮游客人数较多，一般会有两个主餐厅，进行人群分流。餐厅除了承担着单纯的客房配套功能外，还承担了聊天聚餐、小型会议等功能。随着邮轮旅游的发展，邮轮餐厅呈现个性化、综合化、餐饮功能一体化等特点。充分了解餐饮功能和空间设计的变化，掌握餐饮空间设计的新特点，有利于优化餐饮空间设计，实现合理布局。

自助餐厅通常位于 9 层以上的甲板，拥有大片海景，与户外甲板相连。整个餐厅面积大，可以容纳大量游客用餐。自助餐厅为免费餐厅，和主餐厅最大的不同除了是自助（主餐厅是点餐）外，还在于该餐厅营业时间长，会有下午茶和夜宵服务。自助餐厅人流特别大，设计中最重要的是游客流线设计，成功的流线设计能够令自助餐厅忙中有序，避免游客就餐过程中的拥挤冲撞，令就餐过程更为轻松和愉悦。以下是“威尼斯”号、“皇冠”号、“炫目”号和“幸运”号邮轮餐厅的设施和设计风格分析。

1）“威尼斯”号邮轮

“威尼斯”号大运河餐厅位于 3~4 层甲板尾部。在餐厅中设计了一条运河，运河上方伫立着一座“叹息桥”，河中放置了一艘贡多拉，沿着河的两侧摆放着精美的餐桌（图 5.13）。餐厅四周悬挂了意大利风格的挂画装饰，细细欣赏下来，好像一场艺术盛宴。

图 5.13　大运河餐厅

丽都市集自助餐厅位于 10 层甲板中部。风格随意怀旧，靠窗座位倚靠着大海。空间内融入自然元素，部分就餐区域布置成大树下的花园（图 5.14）。自助餐厅连着室内广场，游客在就餐的同时还可以欣赏精彩的表演。

图 5.14　丽都市集餐厅

2）“皇冠”号邮轮

佛罗伦萨餐厅位于 3~4 层甲板尾部。主餐厅设计融合波普和意大利文艺复兴风格。充满意大利风情炫目的白色灯光象征宝石镶嵌的微缩世界，金色和白色装饰柔和（图 5.15）。当室内灯光全部亮起，显得璀璨而又炫目。

图 5.15 佛罗伦萨餐厅

科罗娜自助餐厅位于 10 层甲板中部。餐厅整体色彩明艳、简洁。金属大理石等现代材质搭配花鸟纹样，巧妙融合多种风格（图 5.16），让空间有层次感，给游客带来温暖和放松感。

图 5.16 科罗娜餐厅

3）“炫目”号邮轮

金牛座餐厅位于 2~3 层甲板尾部。主餐厅的设计就如“炫目”号的名字一般，充斥着复古元素。室内色彩鲜艳，灯光设施丰富，凸显富丽堂皇和大气讲究（图 5.17）。桌椅以圆桌的形式摆放，显得生动活泼。

图 5.17　金牛座餐厅

仙女座自助餐厅位于 9 层甲板中部。整体装饰呈现复古风格，色彩鲜艳，冷暖对比度强烈。奢华的材料、高级典雅的家具，搭配帆船装饰（图 5.18），给游客营造高雅大气的就餐环境。

图 5.18　仙女座自助餐厅

4）“幸运”号邮轮

米开朗基罗 1965 主餐厅位于 3~4 层甲板尾部。主餐厅的风格充满着意大利韵味，室内色彩鲜亮、气势宏伟、井然有序（图 5.19）。在这里，游客不仅可以享受世界美食，更能与米开朗基罗最闻名于世的作品《大卫》邂逅，仰望西斯廷礼拜堂的壁画中最为出彩的《创造亚当》。

图 5.19　米开朗基罗 1965 主餐厅

克里斯多夫·哥伦布 1954 自助餐厅位于 9 层甲板尾部。自助餐厅色调典雅，面积大而宽敞，让游客感到舒适和轻松。巨幅哥伦布画像表达了对哥伦布和航海时代的敬意，餐厅内黄铜地球仪、桌面上的航海图，都在讲述着哥伦布发现美洲新大陆的航海壮举（图 5.20）。

图 5.20　克里斯多夫·哥伦布 1954 自助餐厅

2. 餐厅空间设计和风格特点总结

1）位置醒目，分布合理

在布局方面，邮轮上主餐厅通常有两个，一个拥有上下两层空间，位于船尾，上层为架空中庭；另一个为单层餐厅，位于船中。自助餐厅则位于高楼层的中间或者船尾位置。防止人流在就餐时间段过于集中，造成拥挤导致邮轮重心不稳。

2）布置紧凑，流线清晰

主餐厅分为入口区、就餐区、厨房区，入口区通常较小，有前台服务人员；就餐区座位数通常为四人座、六人座和八人座，台面布置一般有圆桌式、长方形、家庭式等形式进行区域布置。就餐时，服务员会根据就餐人数进行引导，满足不同顾客的需求。

自助餐厅人员流动快，因此在内部设计处理上应简洁明快，去除过多层次。该类型餐厅中间区域为各类餐饮服务台，提供明厨烹饪、热菜、凉菜以及甜点等各类食品。流线方面比较合理，避免人多拥挤等待。

3）主题鲜明，地域特色浓郁

主餐厅设计风格与邮轮主题相契合，空间色彩浓郁，艺术感强，富有满满的风土人情。装饰方面，在墙面、地面都装饰有各种图案、纹样来体现地域特色。灯光设施丰富，整体富丽堂皇、大气讲究。

自助餐厅装饰相对简洁，色彩典雅，通常会结合风土人情进行主题设计。室内设施现代，家具放置整齐，空间明度高，色彩偏暖，令人有食欲。自助餐厅大都设置在顶层靠海区域，借助明亮的窗户，形成开阔感和层次感，令人感到自然和舒适。

“海洋之星”餐厅设计案例

针对我国运营的邮轮设计，中餐厅为设计的重点。“海洋之星”中餐厅的设计采用将中国传统元素现代化的设计手法。吊顶取自中国传统建筑式样，坡面造型与木结构式样相结合，吊顶上的照明灯具形态取自中国传统灯笼，加以现代化的提炼，打造成空间中的主要元素。中国传统屏风演绎的舞台背景、灯笼、花格窗、木质斜屋顶等元素（图 5.21），带来中式饕餮盛宴。位于 12 层甲板最前端的早餐自助餐厅坐拥最豪华的海景观赏位置，致力于为每一位旅客提供极致的早餐服务，开启美好的一天（图 5.22）。

图 5.21　中餐厅效果图

特色餐厅方面，选取了日式餐厅作为分析。此设计运用木材创造空间，大尺度的中心旋转寿司台为空间主体构筑物。细节设计运用了很多日式手法，如木格栅、粗糙的石料装饰品，草绳制作的相扑台，以及日式的碟子、筷子等。不论是大空间，还是小细节，皆将日式元素贯穿其中。通过这些日式元素营造纯粹的日式空间，使旅客在就餐之时能完全融入真正的日式环境（图 5.22~5.24）。

图 5.22　自助餐厅效果图

图 5.23　日式餐厅效果图

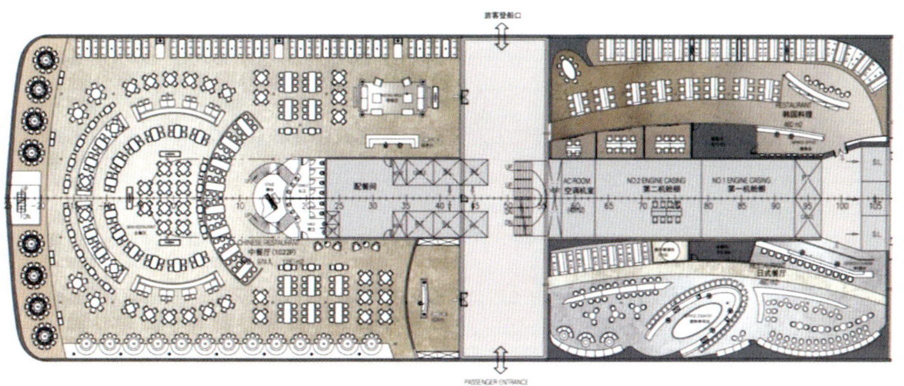

图 5.24　餐厅平面布置图

四、休闲娱乐区域设计特点

1. 运动区域

邮轮物质消费包含了购买免税商品和品尝付费餐饮方面的消费，而精神消费则包含了美容、桑拿、运动等场所的消费。邮轮上设有多种体育设施供游客在长途航行中运动健身和休闲娱乐，通常这些设施布置在顶层甲板上。运动空间分为运动设施、泳池设施和运动相关设施。运动设施包括健身房、篮球场、高尔夫球场；泳池设施包括室内外游泳池和按摩泳池，一般室外泳池会包含娱乐中心；运动相关设施包括健身设备、跑道等。

对于一些坚持健身和喜欢运动的游客，首选就是健身房，健身房是邮轮里的标配。篮球场、高尔夫球场等球类运动场地一般都设置在最高层户外甲板；跑道设置在最高甲板外圈，在海上跑步，既可以锻炼还可以欣赏海景；邮轮泳池一般结合水上乐园，丰富多彩的休闲娱乐、无敌海景和超大泳池，奇妙无限的水上乐园能给游客们带来酣畅淋漓的游乐体验。“海洋奇迹”号邮轮有 19 个游泳池，它的泳池甲板是整个邮轮的活动中心，游客可以参与水上运动，也可以享受阳光浴（图 5.25）。

图 5.25　皇家加勒比“海洋奇迹”号室外泳池

为了促进和维持游客身心灵的健康和平衡，提高邮轮高端体验，水疗池、加热躺椅、泰式按摩等服务的 SPA 中心成为邮轮的一大优势和特色。MSC 邮轮甚至请来巴厘岛的专业理疗师，更有多达 160 项身体或面部护理按摩的服务。丽晶七海从全球各地的传统文化和水疗养生方法中汲取灵感，从水疗护理延伸至健康美食和养生行程。“翡翠”号上 Solemio 中心提供个性、有趣味的桑拿区域，在带秋千的海水盐池洗完桑拿后，可以坐在满是雪的房间里降温（图 5.26）。

图 5.26　歌诗达“翡翠”号桑拿中心

“海洋之星”健身美体设计案例

“海洋之星”健身中心主要由瑜伽房和大厅健身区两部分构成。两个入口均设置接待服务台为旅客即时提供服务。健身中心项目繁多，拥有靠窗的观景跑步区，多种器械组合的器械健身区，影音电视，独立瑜伽室，男女分离的超大淋浴间与更衣室，以及 2 个即时服务台分别服务不同的出入口，满足不同旅客的需求。健身中心的设计理念来源于珍珠，珠圆玉润，既体现于设计手法中，也隐藏在功能性的倒角处理中（图 5.27），让旅客在运动的同时能够保证安全。

图 5.27　健身中心概念效果图

位于顶层甲板尾部的桑拿 SPA 馆（图 5.28）是全邮轮最独具特色的休

闲会所。桑拿 SPA 馆分为男女桑拿中心，男性桑拿部分由 2 个干蒸室、1 个土耳其浴室、更衣淋浴室、贮藏室和大堂服务区域构成；女性桑拿部分由 2 个干蒸室、2 个土耳其浴室、1 个双人美容室、更衣淋浴室和大堂服务区域构成（图 5.29）。桑拿 SPA 馆的设计灵感来源于贝壳的天然纹理，从海洋中提取大自然的肌理，铸造光彩熠熠却温暖亲人的会所空间。

图 5.28　桑拿中心概念效果图

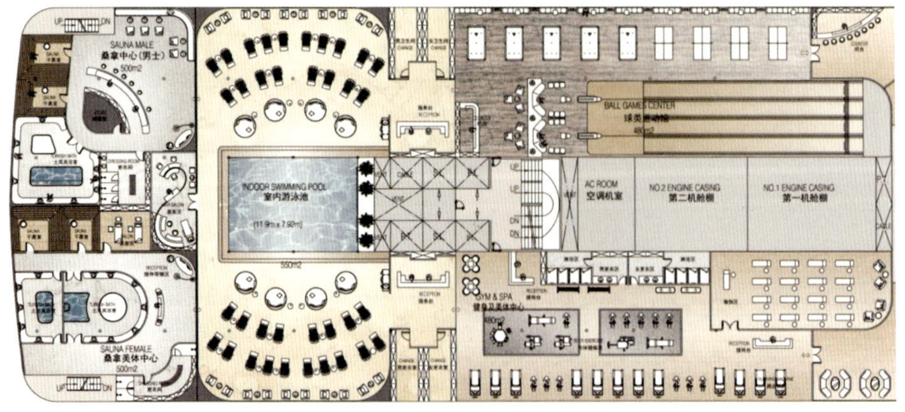

图 5.29　桑拿美体、运动健身区域平面布置图

2. 娱乐区域

休闲娱乐空间可分为文化空间、购物空间和娱乐空间。文化空间包括美术馆、图书馆、宗教会议室、会议空间和多功能室。购物空间围绕大型

购物中心组织，包括杂货、礼品、珠宝、香水、照相馆和商店。而提供儿童、幼儿和年轻人的游戏中心和其他娱乐设施一般设置在邮轮最高层甲板。娱乐空间以中庭甲板为中心，包含上部甲板的社交和娱乐设施，如剧院、休息室、娱乐场、体验中心等，以方便所有游客使用。

现代邮轮，为了吸引更多游客的到来，将技术、艺术和文化交融，形成丰富炫目的娱乐空间。如歌诗达“翡翠”号每个甲板都与不同的意大利城市相关联，体现意大利设计美学（图 5.30）。活动空间 Colosseo 让人联想到意大利南部梯田景观；夜总会 Teatro Sanremo 的灵感来自米兰的 Teatro alla Scala 歌剧院，从地板到天花板的柱子都覆盖着 LED 屏幕，在每个停靠点呈现不同的故事。这艘邮轮还设有世界上第一个海上设计博物馆，展出来自意大利各个领域的作品，可以让游客深入探索意大利的文化和激情。

图 5.30 歌诗达“翡翠”号娱乐空间

“海洋之星”娱乐区设计案例

剧场是邮轮最具特色的空间。“海洋之星”剧场的设计以海洋生物般的光感为灵感来源，以灯光效果创造独特的意境，并结合功能性考虑吸音、安全性等内容。双层挑空的剧场气势磅礴，以光和影的手法，营造出观演氛围（图 5.31~5.33）。

图 5.31　剧场概念效果图

图 5.32　阅览室概念效果图

阅览室是一个狭长空间，通过曲线的设计来减弱空间的单调感，增强空间的流动感。阅览室是一个静态的空间，强调舒适度，使旅客可以舒服地在这里停留，因而在空间的材质上多用木质，座位也都选用舒适度高的座椅形式。书架结合墙面布置，具备功能性，同时也成为营造阅读氛围的有利元素。

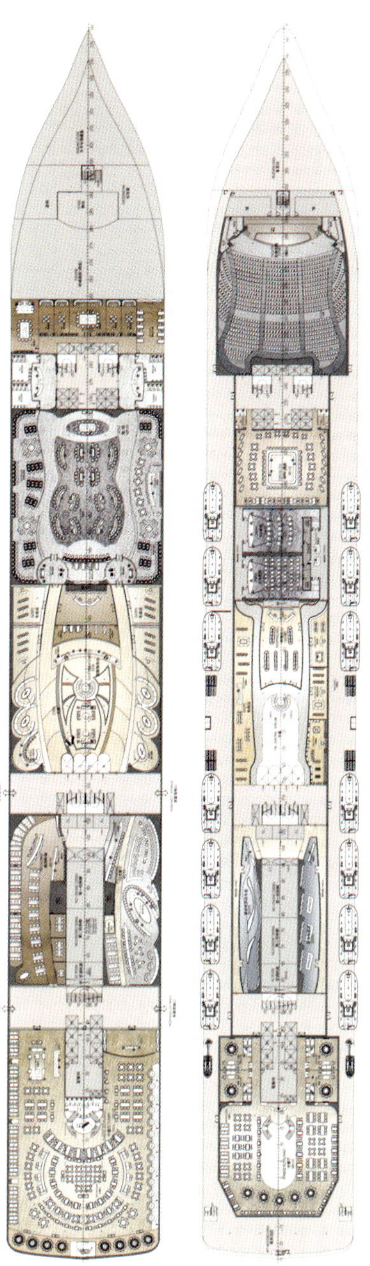
图 5.33　娱乐区平面布置图

综上所述，邮轮设计最重要的是讲好文化的故事，通过设计体现地域生活方式和文化特色，并将色彩、照明和材质等设计语言，整合现代高新技术，结合主题元素，彰显出邮轮设计的独特风格，创造出反映和代表时代潮流的艺术作品。

邮轮设计从功能设计、区域布置设计到室内的场景设计，都体现了人文需求以及美学意蕴。经过长期的发展，邮轮功能空间已趋于成熟，但随着安全新规则、科技新技术、消费新观念等因素的影响，这些原则也一直在调整和适宜。因此，邮轮设计要紧随时代的潮流，求新、求变，满足游客审美需求。

第六章　现代邮轮室内环境设计

随着生产力的不断提高，邮轮室内设计不仅要满足生理需求，还要有更多的社会文化色彩，成为情感体验、消费娱乐的特殊空间。随着审美的趣味性和多元化的变化，空间光色效果、室内陈设的选择、绿化的配置等在邮轮空间的个性化和氛围营造上起到关键作用。

第一节　舱室色光设计

近年来，主题化、场景化的空间环境设计成为邮轮空间体验设计的主流，照明更是成为邮轮主题化设计的核心表达方式。在相对封闭的邮轮空间中，照明除了基本需求外，还逐步发挥起营造气氛、调节身心健康和提高工作效率的重要作用。不同的光色给人以不同的空间和心理感受，从而引起游客的心理情绪的变化，而色光的照度、亮度、对比度，以及色调、明度、彩度等指标也会影响视觉艺术效果。设计师通过对色光各类特性的把握运用，营造不同的室内主题和气氛，体现不同空间用途和功能。

一、舱室照明艺术

照明艺术是邮轮室内设计的重要内容和密不可分的组成部分。功能照明和美学照明是邮轮室内照明艺术的两大构成部分。设计师在充分考虑空间使用者的功能需求和审美需求后，合理、科学地布置光源，采用均匀或局部照射的方法，恰当呈现点光源、线光源或面光源，最终完成符合游客的视觉、心理及生理需求的照明设计。

在照明功能的基础上可运用灯具造型、光色、投射方位和光影取得各种特殊艺术效果，打造室内特定的空间环境气氛，从而形成对人心理的影响，使普通的照明功能升华为光的创意设计。譬如：射灯、壁灯、吸顶灯、落地灯、台灯、吊灯、灯带等室内常用的灯具，以及它们形成的散射性光源、反射性光源、指向性光源、主光源、辅助光源等，会给室内空间带来多层次、多意境的空间效果（图 6.1），值得设计师在反复玩味中积累控光、用光的宝贵实操经验。

图 6.1　灯光设置示意

同时，也要注意到，光和影是一对不可分离的“孪生兄弟”。无论是自然的天光还是人工的照明，都会产生影子，在专注于光鲜亮丽的照明设计的同时要考虑投影的效果。影子不仅有体积上的差异，还有深浅、虚实、色彩的丰富变化。善用巧用影子，可以达到事半功倍的效果，做到以无形胜有形，以无声胜有声的曼妙视觉感受（图 6.2）。

新媒体在光色中的运用，让视觉展示形式变得富于生命力，表达更深层次的文化信息和内容。光色借助计算机语言生成艺术的无穷变化，给予游客视觉与听觉相结合的多元感官体验，从而达成人与空间的对话。游客从被动吸收信息转变为实时接收信息，因而形成更强烈的感受体验。

图 6.2　维珍邮轮酒吧

二、照明色光要求

邮轮为了满足不同游客的需求设置不同的功能空间。客房空间照明设计除了满足基本的使用功能外，还要满足健康化、人性化、智能化等需求。公共空间必须在有限的空间内长时间满足各种游客的爱好和需求，因此需要将其划分为空间方案，考虑内部空间光色环境定位。

1. 居住类舱室光色需求分析

居住类舱室作为邮轮数量最多的功能性空间，服务对象包括船员和游客两类人群，其光色环境不仅需满足船员的工作和休息，同时为游客享受邮轮娱乐与休闲服务提供恰当光色环境。舱室空间狭小、功能丰富、家具紧凑，人性化的舱室色彩设计，一方面缓解船员寂寞疲乏的心理、稳定船员消极倦怠的情绪、减轻船员紧张过度的工作压力，另一方面活跃游客享受邮轮环境、激发轻松娱乐的光色氛围。舱室光色设计的关键是空间背景色（天花、壁板、地板）、主题色（面积较大的床单、沙发、窗帘、地毯等）、点缀色（面积较小的壁画、靠枕、雕塑、座椅、装饰品、踢脚等）如何与固体色搭配，以及如何借助光源色进行恰当呈现，最终达到符合船员与游客的视觉、心理及生理需求的目的。

2. 公共空间光色需求

公共空间综合体如同城市商业综合体，复合了餐饮、文化娱乐、商业、观光等公共功能系统。每个功能系统下设有众多的子系统，每个子系统又结合新的设计语言。因此，多功能、多形态是当代邮轮空间设计的主要特征，公共空间种类及光色特殊性往往成为吸引游客的关注点。

1）邮轮餐饮空间光色风格化，具有地域特色

为回应邮轮整体设计风格并满足邮轮不用的使用群体，餐饮设计越来越个性化、特征化和地域化。邮轮餐饮一般包括主餐厅、自助餐厅、自费餐厅、烧烤吧、咖啡厅、休闲吧等。主餐厅面积最大，光色氛围设计风格可回应邮轮本体设计风格，体现邮轮的品牌精神及特色。自助餐厅人流量大，色温偏暖，以提供温馨放松的就餐环境。特色化餐厅是体现时代前沿技术的载体，需要有个性化的照明。如嘉年华“光荣”号爵士吧（图 6.3），舞台顶棚为彩色玻璃组成的孔雀羽翎，在鲜艳强烈的紫红色背光灯映照下，营造出爵士吧迷离多变的时尚意境。

图 6.3 嘉年华“光荣”号爵士吧

2）邮轮休闲娱乐空间色彩丰富，随着功能变化

休闲娱乐空间作为邮轮的主要功能区域，种类繁多，涉及的面积与区域也较广。大多数文化娱乐主题鲜明、专业性强、技术含量高、设备先进，如：室内娱乐空间有 KTV、电影院、剧场、游泳池、麻将馆、健身房、祷告室等；室外娱乐空间有攀岩、篮球场、高尔夫球场等。与种类繁多的餐厅不同，游客可以对餐厅有选择的余地，但文化娱乐场所服务的游客属性不定，年龄和性别有较大的随机性；不同的游客有不同的倾向与爱好，这从一定程度上决定文化娱乐场所光色应多样化，以满足不同使用群体的需求。“威尼斯”号（图 6.4）邮轮中庭平时为休闲和交通空间，灯光明亮，晚上灯光变得五彩迷离，形成一个表演聚会空间。

图 6.4　歌诗达“威尼斯”号大厅不同时间段的照明变化

对于 KTV、电影院等空间，建议光色搭配渲染不同的光色环境，以配合不同种类的场景和影剧需要。剧场光色环境设计相对较为复杂，包括游客进场、演出及退场三种模式，三种模式光色环境的切换应符合游客行为

活动及视觉舒适度的要求，并符合演出形式及内容的需要。

健身运动区域充分考虑游客、运动器材、整体环境三者之间的关系，结合人机工程学，考虑游客健康运动的生理与心理需求，引入智能自动调节光控制系统，根据人体机能变化智能调控室内温湿度及光色变化，光色时刻追随健身者的体感温度而变化，从而为健身者提供符合其生理健康的光色环境。

3）邮轮社会活动空间光色体现数字化技术

邮轮以娱乐休闲为主，同时为游客提供相应的社会服务，除了配备基础的商务空间，如会议安排、传真、电传、复印打印、视频会议等空间外，还配备众多的免税店和精品购物店。邮轮一般均设有会议室，且有不同的会议室规模，包括十几人的小型会议室及几百人的大型会议室，邮轮舱室空间狭小紧凑，传统会议室控制面板位于墙面，显得会议室空间更为烦琐和凌乱，且使用者不能明确知道开关对应的灯具，影响会议室进程和效率。基于以上考虑，利用相关软件或 App 在开关处设置不同的会议模式，并将其集结于液晶面板或手机客户端，从而方便使用者对每一条回路进行控制，一键控制调光调色，操作方便简单；同时可实现百余种灯光的同步切换，以及灯光、窗帘等设备的联动互动。

免税店和精品店主要集中于船体的购物区，这些购物区一般被设计成长长的街道和购物中心，并配备专门的电梯上下楼以供游客在邮轮中享受购物的乐趣。可以考虑在免税店和精品店内引入多元化购物体验，如娱乐式购物体验、数字化购物体验、沉浸式购物体验、数据可视化购物体验分析，以及多元化互动体验。涉及的最新互动式体验装置有虚拟试衣设备、数字化购物系统、交互式展示装置、石墨导电触摸墙、自动式机器人导购装置等。通过引入智能购物体验，活跃舱室购物氛围，使游客体验先进科技，高效快速购物。

4）邮轮户外观光空间光色亮度低，整体静谧放松

阳台、甲板、泳池作为游客直接视觉欣赏、体验大海的邮轮室外场所，其夜景照明设计显得尤为重要。甲板上娱乐场所丰富，包括绳索攀爬场、户外健身场、大小泳池、足球场，以及其他各种娱乐设施。甲板以感应步

道灯为主，以低亮度凸显周围娱乐设施的照明，整体营造一种静谧、放松的甲板光色氛围，增强游客对于大海的海景体验。“维多利亚”号（Sabrina Victoria）观景台设有氛围灯，营造出“完美的夜晚氛围”（图 6.5）。

图 6.5 “维多利亚”号观景台

第二节　舱室陈设设计

邮轮室内陈设艺术设计是对邮轮室内环境进行一个视觉化的艺术设计，体现在织物、装饰品和家具的设计。邮轮室内陈设涵盖各个空间环境，比如公共区域设施、餐厅、客舱的室内空间等。此外，室内环境中许多面积大、呆板的空间，又或者一些空间死角，都可以利用陈设品进行调整设计，可以有效地恢复空间的精神状态，并合理地划分空间、弥补空间。比如一些雕塑、艺术品等都可以形成一个视觉中心，下垂式灯具则可以有效地弥补跃层高屋顶的空旷感。

一、陈设的功能

邮轮室内陈设的宗旨是对室内氛围的营造。它要体现室内空间的灵魂，以视觉的元素去传达艺术生活的理念，还要结合人文特色去构筑出应有的空间主题。舱室空间的功能、价值也往往通过陈设物品来展现。

1. 对舱室进行二次分隔，丰富空间层次

邮轮空间根据功能需要进行二次分隔，为了减轻邮轮自重，在空间划分的时候，可以利用家具、地毯、雕塑、植物、水体作为空间分隔的手段，创造出次级空间。同时，陈设的使用让空间更加灵活和多变。如：维京“海洋”号（Vining Sea）餐厅地图纹样金属隔断，半通透的设计灵感，为室内营造了光与影的变化交错（图 6.6）。整个空间隐约又不封闭，保持了空间连贯性，同时也确保了较好的隐私性。

图 6.6 维京“海洋”号餐厅

2. 联系引导空间

用陈设的巧妙布置来联系引导舱室空间是最自然的一种设计方法。陈设在舱室内的连续布置，从一个空间延伸到另一个空间，特别在空间的转折、过渡、改变方向之处，更能发挥空间的整体作用。P&O 邮轮“爱奥娜”号（P&O Lona）（图 6.7）利用灯光形成走道空间，引导游客向前。

图 6.7　P&O“爱奥娜”号走道

3. 烘托室内主题，塑造空间意境

在塑造邮轮室内意境时，陈设物是不可或缺的，室内通过陈设设计，可以强调突出舱室主题，根据设计意图美化空间环境，对人的空间意识还可以起到引导的作用。“爱达·魔都”号邮轮休息厅（图 6.8）通过大量的金属感的线条来替代了传统的石柱，形成强烈的视觉冲击和韵律，摩登现代的形体又赋予古老贵族气质，整体呈现出奢华、高贵的国际化气息。

图 6.8　“爱达·魔都”号邮轮休息区

4. 增添空间情趣，提升空间品质

在邮轮舱室设计中采用软装艺术，可以使室内空间柔化。家具、陈设品能使室内更有人情味，使游客在接触舱室空间的过程中自觉或不自觉地受到陈设艺术的感染和熏陶。在室内空间的恰当位置摆放具有文化特色的装饰品，不仅可以美化环境，而且还会给静态的空间增添人文气息。如皇家加勒比“海洋光谱”号海上首家川菜馆“川谷荟”兼具本土特色与环球优雅。四川风格的装饰品，通过深颜色的川脸壁画来装饰，其灵动神态为空间注入一丝浪漫主义气息。室内使用木质桌椅，深红色的色调与紫色调椅子融洽结合，传统装饰让空间的文化气息更浓。

图 6.9　皇家加勒比“海洋光谱”号“川谷荟”餐厅

二、陈设的方式

邮轮室内陈设的艺术构成一般从美学角度出发，从文化视角去构建，其陈设方式注重物品的主次秩序、大小比例、质感堆砌、色彩协调等要素，形成有节奏感、韵律感、丰富感、舒适感和层次感等各类感官组合的综合体验。其陈设方式分以下几种。

1. 地面摆放

地面适于摆放一些大型盆栽、雕塑、摆设（图 6.10）和织物屏风等体积尺寸比较大的艺术陈设品。大型的陈设物由于体积偏大，一般作为陈设设计的主体物摆放在一些重要的位置。体积偏小的陈设物则作为装饰陪衬的角色，置放在一些次要的位置。

图 6.10 “钻石公主”号、“极致”号户外甲板摆设

2. 墙面悬挂

壁画、壁挂、照片、书画和平面海报类陈设品一般都以墙面悬挂的方式去表现。其实，任何物品都可以悬挂于墙面上，比如一些旅游纪念品、浮雕、面具、瓷砖等，通过设计进行悬挂。墙面的悬挂必须参考室内设计的整体感觉，切勿胡乱搭配。设想墙面就如画布，所有的悬挂元素就是画面的角色，那么就可以参考绘画构图的方式去思考，对称构图、多屏构图、网格体系都可以有效地设计墙面的构成。注重疏密、间隔，注重画面的意境，与其他软装家具、家居的搭配，都是墙面悬挂形式设计要参考的要点（图 6.11）。

图 6.11 皇家加勒比“海洋标志”号套房墙面挂画

3. 柜架放置

书架变为陈列架的形式在现代陈设方式中越来越多，一些珍贵的小件艺术品，比如雕刻、陶瓷、花瓶和茶具等，可以放置于柜架中。室内陈列柜的设计可以将灯光、玻璃、背景等元素组合在一起。对于空间设计来说，陈列架也有一定的艺术构成价值，要做到与陈设品彼此融为一体。名人“极致”号明亮而现代的书籍陈列区形成放松身心、诗意优美的中庭环境（图 6.12）。

图 6.12 名人“极致”号休息厅墙面书架

4. 桌面陈放

桌面陈放是最常见的陈列方式之一，一般的桌面置物如器皿、小型盆景、小型台灯、相框等。桌面陈设是最容易改变与移动的陈设方式，因此注重室内环境的风格协调是该类陈设设计的考虑之重（图 6.13）。

图 6.13 歌诗达“赛琳娜”号造型摆设

5. 悬空吊挂

一些花卉等植物盆栽、灯笼和造型灯具（图 6.14）都可以使用悬空吊挂的方式去陈设。该类陈设品可挂于天花板、吊架、书架等地方。较重的陈设品应注意安全性以及吊挂位置的合理性。

图 6.14 阿依达“普莉玛”号餐厅悬挂式灯具

第三节　舱室绿化设计

生态、绿色是新世纪的发展重点。绿色对于我们的生活来说，是一种崇尚自然、回归自然的颜色。邮轮室内绿化是空间装饰设计的主要方式之一，绿色植物可以为海上巡游时光带来舒心放松的氛围。

邮轮室内绿色植物的摆设可以让游客仿佛置身于自然环境之中，放松心情。通过室内的绿色渲染让游客仿佛回归自然，与自然共呼吸。此外，通过针对植物属性种类的配比设计，又经过园艺师的推敲，将植物的多样化属性有机又富有艺术感地组合在一起，注重植物的色彩及其构成的美学，那么绿化对于其邮轮环境的美化，将会是视觉观赏的中心。

绿化也可以成为组织空间的手段。绿化的分隔能力体现在室内的多重场合，比如过道与休息厅之间，通过摆放一些绿化植物，能有效地从视觉上隔断不同空间的直接联系，制造出一种围栏的感觉，在视觉象征上类似于交界线。大面积的绿化带还可以引导空间，通过植物带的延伸，可以将空间延伸到另外一个空间内。这种引导作用是一种比较醒目又自然的过渡方式。通过室内绿化的空间组织能力，能使空间的解构重组更为顺畅灵活。

一、室内绿化设计

按照室内绿化的装饰方式和形态区分，室内绿化的陈设方式主要可分为陈放式、悬挂式、附着式、壁挂式和装饰品式等类型。

1. 陈放式

作为室内绿化最常见的一种方式，陈放式可以将各类植物以单体或者成组的方式，放置于室内的桌面、地面、墙角和阳台等空间。植物可以作为一种主题，利用创意组合的方式，通过色彩对比和艺术构思，用几种或者数十种的植物混组（图 6.15），营造出符合美学的空间氛围。

图 6.15　皇家加勒比“海洋奇迹”号餐厅门口花卉植物组合装饰

2. 悬挂式

顾名思义，悬挂式就是将植物悬挂于室内之中，如天花板、书架、灯架等，形成一种垂挂的美感，通过悬挂的方式为室内环境的气质加分。“至极”号伊甸园顶部绿色面板和悬挂植物（图 6.16）赋予空间维度和趣味性。

图 6.16　名人“至极”号邮轮顶部悬挂，增加空间氛围

3. 壁挂式

针对室内局部的植物绿化装饰，可以采用壁挂的方式进行设计。壁挂式也分为多种，有垂直壁挂（图 6.17）、镶嵌壁挂、植物墙壁挂等。最简单的则是垂直壁挂式，复杂的就是植物墙式。邮轮壁挂类型，一般不用后两

种，因为涉及复杂的浇灌体系，排水容易影响墙体。

图 6.17 名人“至极”号邮轮墙面壁挂植物，形成现代丛林

4. 装饰品式

该类型绿化尺寸可大可小，可以与室内的山石水景组合在一起形成装饰性的艺术作品，也可以以一种物件类的小植物，作为一种小型装饰品存在于一些单元物体上，组成一种搭配性的元素。Uniworld“威尼斯”号（Venezia）大堂耀眼的金色拼贴出各种植物造型，楼梯口和沙发上的植物完美地融合到空间中，彰显自然和奢华（图 6.18）。

图 6.18 “威尼斯”号游船入口大堂植物成为摆设的一部分

二、户外绿化设计

户外绿化是邮轮绿化的重要组成部分。户外绿化会占用邮轮较大的空间，并且需要经常打理保养，但是它带来的不仅仅是绿色的观赏价值，更为空间环境的健康加分，激发游客的自然情怀，更加愉悦地享受该环境带来的身心愉悦之感。

户外绿化分落地式（图 6.19）、悬挂式（图 6.20）、摆设式和组合式等设计形式，但是所有的设计必须遵循艺术审美和意蕴气质为善的规律，寓情于景。注重设计手法的灵活性，合理有效地利用有限的空间去创造视觉小自然与想象大自然的结合，以小见大，从空间形态、质感色彩、绿色环保的角度去规划，使绿化和人文生活高度协调，互为吸引，相得益彰。

图 6.19 名人“至极”号顶层甲板落地式绿化

图 6.20 阿依达“诺瓦”号水上乐园区域悬挂式绿化

同时，邮轮绿化还需要考虑承重、环境湿度、复杂的灌溉施肥、照明和排水系统等因素，技术的赋能提升了艺术的表现形式。皇家加勒比绿洲级邮轮核心的露天综合休闲区——中央公园（Central Park）拥有上万棵各种绿色植物（图 6.21），设计师在充分考虑了旅游母港和目的地的环境之后，结合海上湿度和户外空间氛围营造，精心设计和规划植物种类和布置，营造出生机勃勃的海上公园。

图 6.21 皇家加勒比“海洋标志”号中央公园绿化设计

邮轮室内环境设计成为体现邮轮品质的重要部分。良好的室内环境不仅提高室内空间的艺术性，满足游客的审美需求，还能强化空间的性格、意境和气氛，使不同类型的空间更具性格特征和艺术感染力，以此来满足不同人群室内活动的需要。邮轮通过对色彩基调、照明设计、空间陈设、植被绿化的艺术处理，获得良好开阔的室内视觉审美空间。

第七章　邮轮主题风格及文化表现

邮轮的主题设计通常以某一特定的概念为指导，全方位体现邮轮文化内涵和艺术风格，并围绕这个概念进行空间布置、装饰设计以及氛围营造，为游客提供个性化体验服务。主题设计直观地表现为装饰风格，以品牌文化作为定位依据，营造艺术流派。邮轮主题选择非常广，有体现不同国家地区特色的设计风格，有再现历史时期风格的设计风格，也有一些艺术、海洋等综合性风格。主题风格一旦确定，设计人员便会综合运用色彩、灯光、装饰物等进行重点打造。让游客进入邮轮后，就能感受到豪华邮轮所带来的奢华体验。

第一节　地域特色风格

传统地域风格能够给游客延续历史文脉以及浓厚民族特征的感受，是现代人追求复古趋势的常用风格。虽然是复古，但地域风格并不只是简单地复制传统符号，而是在室内空间布置、形态、色调、材质、家具以及陈设等方面，从神与形出发，吸取传统养分。

一、中国特色风格

中国传统的室内设计融合庄重和优雅的双重品质，气势恢宏、壮丽华贵、金碧辉煌。中国特色装修擅长以浓烈而深沉的色彩来装饰室内，比如墙面喜欢用深紫色或者深红色，地面和墙面采用深色的地板或者木饰，天花板也是深色木质吊顶还有淡雅的灯光。嘉年华“精神”号 (Carnival Spirit)

（图 7.1）上海吧选用红色木饰，搭配金色山水画，显示壮丽华贵。在中国特色风格中，比较注重意境的营造，格栅和隔断是空间构件的重要元素，能够营造出经典的中式意境。嘉年华“天堂”号（Carnival Paradise）Elation 餐厅顶面木格栅优雅不沉闷，创造光与影的朦胧之美，靠海一侧隔断设计成圆形门洞，通过中式门窗引出另一侧的海景，充满意境之美（图 7.2）。

图 7.1　嘉年华“精神”号上海吧

图 7.2　嘉年华“天堂”号 Elation 餐厅

二、日本特色风格

日本传统风格深受中国唐代风格影响，吸纳外来文化后，逐渐发展出了本土设计特色，从神社到住宅府邸，从茶室到枯山水式的写意庭园，无不体现出独特的创造力。日式传统风格是将自然界的材料大量运用于居室的装修、装饰中，不推崇豪华奢侈、金碧辉煌，以淡雅节制、深邃禅意为境界。如：阿依达“奥拉”号（Aida Aura）就是这种风格的代表，使用天然朴实的木材来布置优雅的木格拉门，门口装饰竹子，表现出自然、平和的意境（图7.3）。日本风格的设计在整体上也体现出沉稳的姿态，给人以安静的氛围，只有透过内部细节的设计，展示出不同的和风空间的生活乐趣。嘉年华“自由”号（Carnival Freedom）寿司吧通过立柱上的斗拱和花纹垂挂的瓦当，以及墙面日式绘画和纸质灯笼等细节，展现日式特色（图7.4）。

图7.3 阿依达“奥拉”号SPA

图7.4 嘉年华“自由”号明治寿司吧

三、埃及特色风格

埃及传统风格简约、雄浑，以石材为主，柱式是其风格之标志。如：嘉年华“精神”号（Carnival Spirit）的 Pharaohs’ Palace 剧场，整体装饰以石材为主，剧场侧面装饰圆柱，柱头如绽开的纸草花，柱身挺拔巍峨，中间有线式凹槽、象形文字、浮雕等，下面有柱础盘，古老而凝重（图 7.5）。埃及的雕塑艺术是极其繁荣的，将宗教信仰和王权联系到了一起，把法老奉为神灵，想象为人兽混合体，所以其在装饰上就大量应用了动物或者人兽混合体。在色彩的选择上，埃及元素的色彩对应黄色和金色，一般以明黄色和土黄色为主，且辅助以其他明亮的色彩。红黄蓝三原色是常用的配色，此外，绿色、紫色和棕色也是很有托勒密时代色彩的埃及风配色。皇家加勒比“海洋自主”号（Liberty of the Seas）酒廊古埃及风情，就使用了红黄绿三色，并装饰阿努比斯雕像（图 7.6），充满静穆、庄重、浑厚和遒劲的风韵，同时伴随着浓郁的神秘主义色彩和宗教气息。

图 7.5 嘉年华“精神”号 Pharaohs’ Palace 剧场

图 7.6　皇家加勒比“海洋自主”号 The Sphynx 酒廊

四、东南亚特色风格

东南亚风格是一种结合了东南亚民族岛屿特色及精致文化品位的家居设计方式。东南亚风格一般取材自然，色彩搭配斑斓高贵。取材自然是南亚设计的最大的特点，深褐色纯天然的木藤材质，质朴原木的天然材料搭配夸张艳丽的布艺点缀（图 7.7），非但不会显得单调，反而会使气氛相当活跃。室内多采用黄色、棕色为主要色调，白色、米色作辅助色调。尤其泰式装修，常以金色搭配，体现品位和优雅。泰国佛塔建筑的圆尖顶（图 7.8），也会用于室内设计当中，凸显东南亚风情的宗教信仰属性。

图 7.7　“阿奴律陀”号特等舱

图 7.8 “恒河航海者二”号 SPA 室

五、美式特色风格

美式风格是一种浪漫不拘的自由风格，它有田园的气息，也有传统的味道。美式田园风格倡导“回归自然”，在室内环境中力求表现悠闲、舒畅、自然的田园生活情趣，常运用天然木、石、藤、竹等材质质朴的纹理。阿依达“奥拉”号（Aida aura）海明威休息室酒吧就选择了美式乡村风格，简洁明快，配色上选用以清新的浅绿、古董白为主；地板和天花板选用了木质板材，突出材质本身的质感和价值（图 7.9）。美式风格的重点是简化各种装饰物的线条并融入现代古典元素，强调优雅的造型和舒适唯美的设计。嘉年华“光辉”号（Carnival splendor）的 EL Morocco 夜总会是现代风格与纽约优雅风格的结合，保留了材料和色彩的古典风格，但又摒弃了复杂的装饰，整体空间古朴典雅（图 7.10）。

图 7.9　阿依达“奥拉”号海明威休息室酒吧

图 7.10　嘉年华“光辉”号 EL Morocco 夜总会

第二节　西方传统设计风格

西方传统设计风格泛指模仿欧洲古典设计，以较强的程式化和复杂的装饰为特点，以体现宗教、政治权力文化为背景的一种装饰风格。西方传统设计风格在不同地域、不同历史发展时期往往有较大的变化，因此，在邮轮空间应用非常地广泛。

一、哥特风格

哥特风格典型的特征就是尖拱券，主要见于教堂。哥特风格室内尖尖的骨架券由柱头向上升腾，成为以尖拱券做骨架的拱顶承重结构体系。在哥特教堂的石结构中，日益复杂的设备，金属格栅和大门，雕花石屏、木质长排座椅、宝座以及布道台在中世纪晚期都得到了发展。哥特风格最重要的颜色来自彩色玻璃窗，精美的彩色玻璃花窗占据了支柱之间的大部分面积，透过玻璃窗色彩斑斓的光线和各式各样的雕刻装饰，营造神圣感，给人以至高无上的肃穆、神秘的气氛。嘉年华“精神”号的教堂为哥特式元素在邮轮室内设计的运用（图 7.11）。

图 7.11　嘉年华“精神”号教堂

二、巴洛克风格

巴洛克风格强调线形流动的变化，色彩斑斓，造型来源于自然、树叶、贝壳、涡卷等。巴洛克风格常用大量的造型进行装饰，例如：曲面形状、圆形、椭圆形、花瓣形、梅花形等材料（图 7.12）。室内一般会摆放胡桃木、花梨木等材质的家具，家具上一般都会刻有复杂的花样，采用细工镶嵌、镀金和镀银来进行装饰，室内镜框和画框都带有雕刻和镀金。墙和顶棚都有修饰，隔断会用立体的雕塑装饰，而人像和花草元素的图案会涂上多种颜色，融入彩绘的背景中，创造出一种充满动感的人像密集的幻觉空间（图 7.13）。

图 7.12 歌诗达“炫目”号中庭

图 7.13 “大西洋”号弗洛里安咖啡厅

三、洛可可风格

洛可可一词来源于法文或西班牙文，意指“贝壳状的”。它的特征是纤巧娇媚、精致浮华，并带有流线型。洛可可风格的设计色彩娇艳、光泽闪烁，墙面色彩爱用嫩绿、粉红、玫瑰红等鲜艳的浅色调，线脚大多用金色。室内多用自然题材作曲线，卷草舒花，连成一体。天花和墙面有时以弧面相连，转角处布置壁画。流畅的曲线、精巧的雕刻是洛可可风格的典型特点，同时还有对舒适性的追求。“地中海”号邮轮演出厅两侧陈设着贝壳状石膏摆设，顶棚运用镜面材料，沙发绿粉色搭配海星图案，完美呼应洛可可主题（图 7.14）。

图 7.14 “地中海”号邮轮演出厅

第三节　现代设计风格

新艺术运动是传统手工艺设计向现代设计过渡的一次运动，它对现代主义运动和装饰艺术运动产生深刻影响。新艺术运动脱掉了复古、守旧、折衷的外衣，是现代设计简化进程中重要的步骤之一。装饰运动普遍被认为是现代主义早期的一种形式，但它的设计立场仍是为少数权贵阶层服务的，是一种精英主义设计。现代主义完全取消装饰，遵守了功能主义的基本原则，现代主义运动在无意中创造出了一种新装饰——“无装饰的装饰”，开创了一个新的为大众服务的设计时代。

一、新艺术运动风格

新艺术运动主张艺术与技术的结合，在室内设计上体现了追求适应工业时代精神的简化装饰。它以清新优美的装饰来设计室内环境：装饰由流动的自由曲线和非对称的线条构成，采用如玻璃、铸铁等现代材料，与其他艺术门类紧密结合，把绘画、浅浮雕、雕刻等艺术形式运用在室内外设计中，常常模仿自然界的植物，如花梗、花蕾、昆虫翅膀以及各种优美、波状等的形体图案，将它们运用在家具、墙面、栏杆的装饰上，产生非同一般的视觉效果。嘉年华“精神”号（Carnival Spirit）的夜总会 Nouveau Supper Club 就采用了新艺术运动风格的室内设计（图 7.15）。

图 7.15　嘉年华“精神”号俱乐部

二、装饰艺术运动风格

装饰艺术风格被视为功能性与现代性并重的艺术风格。装饰艺术在当代的强烈特征使其具有较强的欣赏性，注重表现材料的质感与光泽；在造型设计中多采用几何形状或折线进行装饰，并呈图案化趋向；色彩上强调运用纯色、对比色和金属色，重视平面空间的对比关系。“精神号”的中庭即采用了装饰艺术的设计风格（图 7.16）。

图 7.16　嘉年华“精神”号中庭

三、包豪斯风格

包豪斯风格主要特点是强调工业化生产与设计相结合。在室内设计领域，它提倡注重发挥结构本身的形式美，造型简洁，摒弃多余的装饰，崇尚合理的构成工艺，尊重材料的特性。包豪斯风格的室内设计讲究材料的质地和色彩的配置效果，常用金属、玻璃建构空间，通过色彩来创造空间的特定区域，特别是具有视觉冲击力的蒙特里安的红黄蓝风格的应用，显得现代而又具有时尚感。阿依达“鲁娜”号（AIDA luna）酒廊（图 7.17）采用红黄蓝三原色与几何元素的包豪斯设计风格，配合全景天窗，带来良好的采光和风景。

图 7.17　阿依达“鲁娜”号酒廊

第四节　后现代设计风格

后现代主义反对社会中一切的规范性、同一性和秩序性，以反叛的姿态对现代主义的创造进行破坏和革新，同时反对建立任何新模式，主张实现根本的多元化，倡导互异或互悖的各种文化理论、艺术形式并存。在后现代主义的影响下，设计师摆脱了现代设计思想和形式的束缚，充分发挥个人想象力和创造力，在设计形式上不断革新。

一、高技派风格

高技派风格特别突出结构、构造和机电设备等元素，以机械美学与结构美学理论为基础，通过室内构件与建筑结构空间转换形成视觉动感的一种设计风格。高技派利用高新材质的特殊性能、多样性的构成手法和丰富的设计语言，强调工艺技术与时代感。P&O 邮轮“爱奥娜”号泳池拥有简洁的透明穹顶（Sky Dome）（图 7.18），与邮轮内部的极简空间相呼应。金属构件的极致简化让天空也成为一种景致，良好的通风和自然光线的合理

引入，让游客感受到自己仿佛处于一座被海水包裹着的自然岛屿之中。

图 7.18　P&O“爱奥娜”号室内泳池

二、解构主义风格

解构主义反对正统原则和正统标准，即现代主义、国际主义原则和标准。重视个体、反对总体统一的解构主义不是设计上的无政府主义方式，所有解构主义作品看似凌乱，而实质上有内在的结构因素和总体考虑的高度理性化特点，冷峻、怪诞，充满了幻想和超现实主义色彩。皇家加勒比“海洋光辉”号（Brilliance of the Seas）Pacifica 剧院具有解构主义风格，通过简洁的结构，凸显主舞台的地位（图 7.19）。

图 7.19　皇家加勒比“海洋光辉”号 Pacifica 剧院

三、后现代风格

后现代主义反对设计单一化，主张设计形式多样化；反对理性主义，关注人性，主张以游戏的心态设计，强调形态的隐喻、符号和文化的历史，注重设计的人文含义。后现代主义创造性地大量运用符号语言，将产品的功能与人的生理、心理以及社会、历史相结合。后现代主义风格的特征是，强调精神功能，注重设计形式的变化。强调历史文化，设计语言具备“隐喻”“象征”和“多义”的特点。

后现代家居装饰将流行文化与奢华家具融为一体，将普通材料转化为奢侈品。设计师要创造对话作品，并将流行文化融合到高端家具中。后现代风格是一种简单、简约，并专注设计理念的设计风格。“海洋光谱”号（Spectrum of the Seas）索伦托餐厅就是后现代主义风格，其抽象艺术插画装饰整个空间，色彩鲜艳（图 7.20）。

图 7.20　皇家加勒比“海洋光谱”号索伦托餐厅

第五节 新时期设计风格

随着生活水平的提高、文化交流的拓展，人们意识到环境中自然景观的重要性，回归自然、环保健康成了现代人的追求，人们不再满足于纯粹的居住要求，室内个性化和多风格化开始成为趋势。新时期的设计将是多元、丰富、复杂、包罗万象的风格形式。

一、新地域主义风格

每个国家、民族都因其不同的地理自然条件和社会结构，产生并传承的文化传统等因素，形成自己独特的地域文化，正是由于这些地域差异，才使得人类的文化多彩而充满个性活力。但是随着社会的发展和欧美主流文化的影响，许多地方传统的价值体系和审美观念不断丧失，室内设计风格在“文化趋同”中变得乏味。正是在这样一种背景之下，作为一种补偿性的意识形态，新地域主义涌现。

新中式风格的室内多采用对称式的布局方式，格调高雅，造型简朴优美，色彩浓重而成熟。在装饰细节上崇尚自然情趣，富于变化，充分体现出中国传统美学精神。中式家具的颜色一般比较深和稳重，搭配浅色地毯，整个空间更为协调。室内软装的图案多种多样，一般将传统元素抽象化，常常运用花鸟、花窗、祥云等元素。“世界梦”号云顶宫餐厅（图 7.21）两侧是金属的造型，在深色的空间里使用金属来进行对比，不仅不显得突兀，相反还非常地有韵味，结合水晶吊灯和花鸟地毯，中式高雅氛围浓郁。

图 7.21 “世界梦”号云顶宫餐厅

二、自然主义风格

自然风格的室内设计追求自然美和充满自然情趣的空间环境，倡导“回归自然”。自然风格的环境是长时间被现代主义的钢筋混凝土包裹的现代人在高科技、高节奏的社会生活中所追求的寄托身心的场所，只有崇尚自然、结合自然，才能在当今高科技、高节奏的社会生活中，使游客取得生理和心理的平衡。诺唯真“普莉玛”号（Norwegian Prima）BRAUHAUS 啤酒吧就是田园主题，实木桌椅搭配射灯，鲜艳明亮，简洁透亮，给人一种清新现代的感觉（图 7.22）。

图 7.22 诺唯真“普莉玛”号啤酒吧

地中海式风格属于自然风的一种，是17—18世纪在西班牙和地中海地区住宅风格及样式互相糅合的产物。地中海风格所形成的装饰和家具，明显反映出罗马艺术和摩尔民族艺术的特点。浪漫的拱形是地中海风格的主要特色，在空间走动过程中，可以感受一种延伸的透视感，体现浪漫风情（图7.23）。地中海风格的线条大多不修边幅，不规则线条呈现出一种浑然天成的感觉，显得更加自然。地中海风格主要的颜色搭配有蓝与白；黄、蓝紫和绿，土黄与红褐，以此来体现花与叶的相印，大地的浩瀚，蓝天、沙滩和碧海的辽远。

图7.23　诺唯真“普莉玛”号餐厅

三、未来主义风格

未来主义风格通常采用具有重金属光泽表面的高科技生活元素，具有超现实味道。未来主义风格强调不拘泥于传统思维方式，追求突破局限，但是又不停留于科技主义的科幻风格概念式设计。未来主义风格既包含科幻风格的色彩，又融合智能科技以期实现空间的开阔视觉体验和结构多功能性。“爱奥娜”号中庭设置了一个优雅的、抗重力的、弧形的金属楼梯，就像一个空间雕塑。它俯冲的外形带领客人穿越甲板，欣赏不断变化的景色（图7.24）。可以说未来主义风格是契合追求时尚前沿个性的年轻人喜好的装修风格之一。

图 7.24 “爱奥娜”号中庭

四、生态设计风格

生态设计是在生态危机的现实压力下产生出来的一种当代设计思潮。它将生态学、生态美学等生态思想切入到设计领域，是生态理念在设计界的具体实践方式。生态设计以生态环境保护为宗旨，强调设计与自然、环境、人文等诸种因素的融合与统一，最大限度地实现设计的可持续发展。

生态设计以生态美学为指导，以生态技术为手段，强调对环境概念的理解、对生态系统之间相互依存关系的认识，在吸纳生态思想的基础上构建整体、系统的设计理念。名人“水映”号（Reflection）设计形式的多样化表达，以不规则结构为主体，做出仿佛树枝生长出来的木屋，不是自然，胜似自然，带给人以温馨感。另外，双层的高度使用，体现出空间的广阔性和活跃性（图 7.25）。

图 7.25　名人“水映”号休息区

第六节　综合性风格

除了以上提到的风格，还有些其他的主题也运用较多，有些是以航海主题为设计亮点，有些是以古希腊、古罗马的神话故事或人物为主题，而有些则是以近现代一些著名艺术家的作品为设计元素等。

一、航海主题

邮轮中最常见的就是各种海洋文化装饰，各个品牌邮轮中都可以发现这种航海元素。歌诗达“幸运”号（Costa Fortuna）中庭陈列着 26 艘歌诗达邮轮公司的邮轮等比模型（图 7.26），这些模型不仅向哥伦布时期的大航海时代致敬，也是歌诗达邮轮公司受游客喜爱才能发展至今天的规模的骄傲。皇家加勒比“海洋小夜曲”号（Jewel of the Seas）的帆船吧，顾名思义就是利用帆船的船帆作为室内设计的一部分，配上落地窗，使游客拥有更好的欣赏海景的体验（图 7.27）。

图 7.26　歌诗达“幸运”号中庭

图 7.27　皇家加勒比“海洋小夜曲”号帆船吧

邮轮户外甲板上同样也有不少海洋元素，“海洋和悦号”（Harmony of the Seas）水上乐园里面有很多鲜艳明快的雕塑，周围是各式的喷泉，孩子们可以在其中玩耍。到了晚上，水上乐园则变成一个漂亮的雕塑公园，与海景搭配，活力十足（图 7.28）。

图 7.28　皇家加勒比“海洋和悦”号水上乐园

二、神话主题

嘉年华“奇迹”号（Carnival miracle）的巴克斯餐厅，取名于希腊酒神巴克斯的名字。为了响应主题，栏杆雕刻成葡萄藤形状的木纹，装饰以葡萄形状的紫红色壁灯（图 7.29）；顶棚壁绘有酒神巴克斯和他妻子的油画，整个餐厅充盈着酒醉芳香的浪漫气氛。歌诗达“赛琳娜”号（Costa Serena）以富丽恢宏的内饰设计和精致细节完美还原古罗马神话传说，为游客们打造充满欧式浪漫氛围和深厚文化渊源的“海上古罗马”之城（图 7.30）。

图 7.29　嘉年华“奇迹”号主餐厅

图 7.30　歌诗达“赛琳娜”号中庭

三、艺术主题

嘉年华“征服”号（Carnival Conquest）整艘邮轮都以印象派和后印象派作家的作品为主题。中庭的上空装饰着巨大的手绘壁画，是由塞尚、凡・高、高更等众多后印象派画家的名画片段所组成（图 7.31）。“大西洋”号是一艘被业界誉为“艺术之船”的邮轮，在每一层甲板的过道和步行楼梯的两侧都有各种艺术画作、雕塑等装饰品，游客随时随地被“艺术”熏陶着。乘坐中庭观光电梯，跨越 10 层甲板，欣赏自上而下的复古壁画缓缓而过，仿佛置身意大利艺术殿堂。拥有千年历史的色彩绚烂、造型别致的 Murano 玻璃工艺品在“大西洋”号上面也比比皆是。这些精美绝伦的巧妙装饰，让“大西洋”号成为一座名副其实的海上“水晶宫殿”（图 7.32）。

图 7.31　嘉年华"征服"号中庭

图 7.32　“大西洋”号室内装饰

由此可见，舱室主题的设计内容丰富，无论从风格历史、地域特色还是艺术神话等各个角度都能创造出吸引游客的舱室氛围。设计师在未来的舱室主题确定中，可大胆冲破传统主题的束缚，扩展主题的分类，设计出令人耳目一新的舱室环境，给游客全新的邮轮体验。

第八章　未来设计趋势

邮轮距今已有140年的发展史，它的发展经历了飞机的竞争、人们出行观念改变的影响，但是却能在挑战中持续演变升级，通过把握客户需求，提升设计品质，实现自己的长盛不衰。不可否认，疫情的冲击使得全球邮轮产业发生巨大变化，但是邮轮业长期向好的发展趋势将不会改变。近几年，随着需求和技术的发展，设计师对邮轮主题不断进行创新，以“至极”号为例，它独特的悬浮在外舷的魔毯设计，为海上奢华和创新树立了新标杆。“爱奥娜”号圆顶屋顶天穹下“隐藏”的夜总会、精品电影院和带有可伸缩舞台的游泳池，模糊了室内和室外之间的界限，更体现出艺术与技术的完美结合。“至极”号在顶层甲板上铺设了真正的草坪，给游客带来不一样的海上出行体验。这些创新的设计，可以窥探出邮轮设计的未来。

1. 邮轮品牌化提升空间体验设计

邮轮品牌不但要具备“功能”上的优势，而且还要有“体验”或“情感”上的优势。通过品牌的视觉呈现，传达品牌理念，比如带给人们“快乐”“酷”“爽”的体验，让游客对感官的追求、情绪价值的需要均得到满足，从而增强用户黏性，让游客与邮轮品牌建立强有力的关系，从而提升用户的品牌忠诚度。简单说，现代化的邮轮设计是通过理念来吸引人的。

后疫情时代，中国消费者的旅行价值观呈现品质化、多元化、个性化的新特征。设计师的意义不仅仅在于为用户创造美好的空间与环境体验，更在于引导游客如何享受美好环境下的邮轮旅游时光。皇家加勒比“海洋标志”号（Icon of the Seas）邮轮传承了皇家加勒比50年来在游轮产品方面的成功经验与创新理念，打造了一个无与伦比的娱乐胜地，在这里，游客可以与家人和好友共度难忘的愉悦时光，这将成为未来游客对度假方式的完美想象（图8.1）。

图 8.1　皇家加勒比“海洋标志”号邮轮全面升级海上超凡体验

2. 根据用户群进行主题定制

现代邮轮已经不再是专为富人和老年人设计的产品。我们可以看到，女性游客、年轻游客、家庭游客日益成为邮轮的主要客户群，因此邮轮在设计和服务方面，也需要不断满足这些游客的需求。

当代女性和“Z 世代”比以往的用户更愿意享受生活，于是邮轮开始设计以女性或年轻人为主要目标群体的旅行。比如在邮轮上会为女性举办特别活动，设置展览、小组讨论和女性经营的企业游览；制订专属主题，如高级派对和放松之旅等。此外，女性邮轮在设置中会更关注女性的安全、舒适和放松。许多邮轮公司也为年轻人设计了特殊的“Z 世代”主题邮轮，开始向他们提供专门的设计以及单身派对等活动（图 8.2　王兆韵设计）。

图 8.2 “未来”号邮轮概念设计，为年轻人设计个性空间

3. 自然可持续设计的应用

开阔的视野、空间的开敞、自然生态的植入（图 8.3 郭优嘉设计），这些都会让邮轮中游客的居住适宜度和体验度得到提升。邮轮空间相对比较封闭狭小，提高空间体验感就需要充分利用海景，于是设计师将海景尽可能引入室内，同时将室内的部分功能置入海上，这样能够模糊室内外界限。在邮轮的动力、材料和结构方面，设计师均践行可持续理念，比如 MSC 地中海邮轮决心向“净零排放”过渡，邮轮室内的织物或材料源自天然或者可回收利用的环保材料，这些做法也慢慢成为主流。环保的融入让邮轮成为真正的奢华。

图 8.3　“绿色方舟”号邮轮概念设计，空间的开敞、自然生态的植入，提高体验度

4. 健康养生主题的融入

邮轮游客不仅想要体验丰富多彩的出行，同时也希望得到身体的愉悦和放松。于是在邮轮上，健身房和水疗中心一直是特色功能区，不少邮轮还增加免费瑜伽、健身课程和讲座，以满足用户这方面的需要。世邦邮轮与亚利桑那大学综合医学中心合作，为每艘邮轮配备了健康指南，同时为客人制订个性化的健康计划，并举行有针对性的专题讲座。荷美邮轮推出一系列健康活动，包括早晨冥想课程、美容讲座和健康饮食课程。维珍邮轮将健康融入邮轮航行规划，特色项目有日出和日落时分的瑜伽课程、360° 视野的僻静日光浴平台、红色跑道、拳击台、体操设备以及供锻炼后进行社交的运动酒吧等。

5. 智能便捷的信息化服务

随着“万物互联”成为大势所趋，我们的联系沟通变得前所未有的紧密，技术将为各个旅游服务业品牌提供所需要的信息，从而做到量身定制。

地中海邮轮利用声控人工智能技术，为游客提供更为优质的服务。搭乘名人邮轮的游客，通过使用可穿戴装备（钥匙扣、手环到项链等）可以远程打开舱门、调节灯光、开合百叶窗或者控制空调。通过传感器交互作用，实现舱房自动照明，还可充当游客的“安全员”，为游客提供更加个性化和无缝衔接的体验。在维珍“绯红女巫”号的客舱和套房中，照明会根据时间自动调整，传感器检测到游客的存在会关闭百叶窗，检测到游客外出，则将温度调至节能模式。

6. 邮轮空间设计本土化

邮轮设计在结合国际化趋势的同时要考虑本土化，做到时尚、设计与文化紧密相连。在不同文化影响下，室内空间表现出更多创新与个性，并呈现多元化的艺术效果。中西方邮轮游客的生活习性、行为习惯、心理特征都不一样，需要将人文思想理念赋予邮轮空间本土化设计中，通过细节展现人文关怀，在设计中选择既符合邮轮空间特点，又能传递本土文化气息的装饰（图 8.4　张钰婷设计）。

图 8.4　“时光之旅”号邮轮概念设计，将老上海元素体现在空间设计中

舱房设置要有针对老人和儿童的特殊设计（洗漱间设置无障碍扶手，产品、卫生等细节精细化等），增加亲子互动娱乐以及情侣参与感强的娱乐设计活动。根据中国人独有的茶文化与中式棋牌文化，增加茶室和棋牌室，设置更多地域特色景观，向世界传达中国的本土文化。

邮轮不仅是航海工具，也是社交文化和地域文化的载体。作为海上艺术设计的巅峰，邮轮空间能够提供给用户极佳的艺术享受。每个邮轮品牌都有其地域特色的设计风格，由此空间的美学感知不仅仅是装饰层面，还在文化环境层面营造。我们在考虑空间要素的同时，要考虑到居室空间的人文精神和情感体验，通过空间优化提升人们度假、生活的体验度，设计出更好的符合地域特色的适宜的人居环境。

参考文献

[1] 李乐乐 . 论美学与设计美学的关系 [J]. 美与时代（上），2020(7):18-19.

[2] 刑庆华 . 设计美学 [M]. 南京：东南大学出版社，2011.

[3] 王德岩 . 意境的诞生——以体验方式为中心的美学 [M]. 北京：中国传媒大学出版社，2017.

[4] 彭明福，朱云才 . 实用美学与审美鉴赏 [M]. 重庆：重庆大学出版社，2015.

[5] 徐恒醇 . 现代产品设计的美学视野——从机器美学到技术美学和设计美学 [J]. 装饰，2010(4):5.

[6] 杨明刚，现代设计美学 [M]. 上海：华东理工大学出版社，2011.

[7] 柯布西耶 . 走向新建筑 [M]. 杨至德，译 . 南京：江苏凤凰科学技术出版社，2020.

[8] 田川流 . 艺术美学 [M]. 南京：东南大学出版社，2018.

[9] 刘启国 . 船舶建筑美学 [M]. 武汉：华中理工大学出版社，1988.

[10] 曾蕾，罗洁如，袁静晗 . 设计中的美学研究——功能美与形式美 [J]. 设计，2019, 32(17): 2.

[11] 杨公侠 . 视觉与视觉环境 [M]. 上海：同济大学出版社，2002.

[12] 王志成 . 论产品设计的功能美和形式美的统一 [J] . 衡阳师范学院学报，2006, 27(4): 4.

[13] 郭旭，马丽卿，张莹莹 . 邮轮游艇服务与管理 [M]. 北京：海洋出版社，2020.

[14] 杨冯生 . 世界超级邮轮大百科 [M]. 北京：机械工业出版社，2019.

[15] 杰夫・伦恩 . 世界豪华邮轮 200 年 [M]. 陈大为 , 译 . 上海：上海交通大学出版社，2018.

[16] 郭佳，孙婧婍 . 豪华邮轮概论 [M]. 哈尔滨：哈尔滨工程大学出版社，2020.

[17] 蔡晨沁 . 基于消费者感知形象视角的邮轮旅游意向研究 [D]. 福州：福建师范大学，2017.

[18] 于建中 . 船艇美学与内装设计 [M]. 上海：上海交通大学出版社，2011.

[19] 中船第九设计研究院工程有限公司 . 邮轮功能研究 [M]. 上海：同济大学出版社，2018.

[20] 叶欣梁 . 邮轮概论 [M]. 大连：大连海事大学出版社，2016.

[21] 中船第九设计研究院工程有限公司 . 邮轮设计风格 [M]. 上海：同济大学出版社，2018.

[22] 刘敦桢 . 中国古代建筑史 [M]. 北京：中国建筑工业出版社，1984.

[23] 龙京红，刘利娜. 邮轮运营与管理 [M]. 北京：中国旅游出版社，2015.

[24] 刘文海 . 世界旅游业的发展现状、趋势及启迪 [J]. 中国市场，2012(33): 62−65.

[25] 李华，杨宇琨 . 基于关键参数分析的全球邮轮船型特征研究 [J]. 海洋开发与管理，2017, 34(2): 7.

[26] 杜威 . 高建平译 . 艺术即经验 [M]. 北京 : 商务印书馆，2005.

[27] 程爵浩，肖宝家 . 邮轮旅游业 [M]. 上海：上海浦江教育出版社，2015.

[28] QUARTERMAINE P, PETER B. Cruise identity,design and culture[M]. New York: Rizzoli International Publications, 2006.

[29] 唐纳德・A・诺曼 . 设计心理学 [M]. 梅琼 , 译 . 北京：中信出版社，2010.

[30] 中国交通运输协会邮轮游艇分会 .2022 中国邮轮发展报告 [M]. 上海：上海浦江教育出版社，2022.

[31] BERLITZ. Cruising & Cruise Ship 2018[M]. London: Berlitz Travel, 2018.

[32] BENFORD, H.Naval Architecture for Non−Naval Architects[M]. Jersey City: The Society of Naval Architects and Marine Engineers, 1991.

[33] 汪泓 . 中国邮轮产业发展报告 (2020)[M]. 北京：社会科学文献出版社，2020.

[34] 孙瑞红，周淑怡，叶欣梁 . 双循环格局下中国邮轮客源市场的空间格局与分级开发 [J]. 世界地理研究，2023, 32(7): 1−20.

[35] 叶欣梁，孙瑞红 . 基于顾客需求的上海邮轮旅游市场开发研究 [J]. 华东经济管理，2007(3): 110−115.

[36] 杨忠振，朱晓聪 . 基于中产阶级需求的近海型邮轮航线设计 [J]. 中国航海，2014, 37(4): 105−109.

[37] PHINNEY, J S. Ethnic identity in late modern times: A response to Rattansi and Phoenix[J]. Identity, 2005, 5(2): 187–194.

[38] JAMIE C, UNZHOU J, PETER N. A regional analysis of willingness–to–pay in Asian cruise markets[J]. Tourism Economics the Business & Finance of Tourism & Recreation, 2016, 22(4): 1–16.

[39] BRIDA J B, BUKSTEIN D, TEALDE E. Exploring cruise ship passenger spending patterns in two Uruguayan ports of call[J]. Current Issues in Tourism, 2015, 18(7): 684–700.

[40] 陈易 . 室内设计原理 [M]. 2 版 . 北京：中国建筑工业出版社，2018.

[41] 孙庭秀 . 舱室设计 [M]. 哈尔滨：哈尔滨工程大学出版社，2006.

[42] 原广司 . 空间：从功能到形态 [M]. 张伦，译 . 南京：江苏凤凰科学技术出版社，2017.

[43] PAPATHANASSIS A. Guest–to–guest interaction on board cruise ships: Exploring social dynamics and the role of situational factors[J]. Tourism Management, 2012, 33(5): 1148–1158.